Kernenergie in Österreich

pro und contra

Veröffentlichung
des Bundesministeriums für Wissenschaft und Forschung

E. Broda · W. Häfele · B. Lötsch · P. Weinzierl
V. Weisskopf · C. F. v. Weizsäcker
mit einem Vorwort von
Bundesminister Dr. Hertha Firnberg

1976

Springer-Verlag

Wien · New York

ISBN-13: 978-3-211-81405-5   e-ISBN-13: 978-3-7091-5117-4
DOI: 10.1007/978-3-7091-5117-4

Inhaltsverzeichnis

Vorwort

Unsere Gesellschaft verbraucht in vielfältiger Weise Energie. Nicht nur unser Komfort, sondern auch viele notwendigen Fortschritte im sozialen Bereich sind mit diesem Energieverbrauch verknüpft und damit auf eine ausreichende Energieversorgung angewiesen.

Die Einführung einer neuen Technologie ist jedoch in der Vergangenheit selten in der Öffentlichkeit mit derart gegensätzlichen Meinungen diskutiert worden wie heute die Kernenergie. Entscheidungen über neue Technologien sind aber auch politische Entscheidungen und können auf vielfache Weise unser aller Leben beeinflussen. Daher begrüße ich die öffentliche Diskussion über solche Entscheidungen, denn sie ist gerade in einer lebendigen Demokratie notwendig.

In Anbetracht der Bedeutung von richtiger und emotionsfreier Information der Öffentlichkeit über alle Aspekte der Kernenergie soll sowohl Befürwortern als auch Gegnern breiter Raum zur Stellungnahme gewährt werden. Es ist mir aber auch ein wesentliches Anliegen, daß die Diskussion nicht in polemischer Weise, sondern in nüchterner Argumentation geführt wird. Die in dieser Broschüre enthaltenen Beiträge wurden von Befürwortern und Gegnern der Kernenergie verfaßt und mögen als Beiträge zur größeren Information sowie als Basis für eine sachliche Diskussion über dieses Thema gewertet werden.

Die österreichische Bundesregierung wird in der Frage der Atomkraftwerke allen Seiten Gelegenheit geben, ihre Standpunkte öffentlich darzulegen. In weiterer Ausführung der Regierungserklärung vom 5. November 1975 wurde ein interministerielles Komitee mit der Vorbereitung einer breitangelegten Aufklärungskampagne über Fragen der friedlichen Nutzung der Kernenergie beauftragt und noch im Herbst 1976 wird eine Serie von öffentlichen Veranstaltungen und Diskussionen beginnen.

Dr. Hertha Firnberg
Bundesminister für Wissenschaft und Forschung

Ist in Österreich Kernenergie annehmbar und notwendig?

E. Broda

I.

Bis vor einigen Jahren galt als ausgemacht, daß auch in entwickelten Ländern, z. B. Österreich, auf absehbare Zeit eine ständige Steigerung von Energieerzeugung und -verbrauch anzustreben sei. Obwohl die Problematik selten explizit diskutiert wurde, darf man wohl annehmen, daß die Überzeugung von der Notwendigkeit dieses Wachstums auf der Annahme beruhte, daß eine Steigerung der Güterproduktion und des Umfangs von energieverbrauchenden Dienstleistungen andernfalls nicht möglich wäre. (Diese beiden Größen seien durch den Begriff des „materiellen Standards" zusammengefaßt.) Diese Steigerung aber sei zur Verbesserung des Wohlstandes der Bevölkerung nötig — z. T. auf dem Weg über Erfolge auf dem Weltmarkt. In manchen Ländern, aber nicht in Österreich, spielten auch militärische Motive eine Rolle.

Durch die massive Erhöhung der Ölpreise durch die produzierenden Länder kam es zur sogenannten Energiekrise und dazu, daß man das Energieproblem neu durchdachte. Seither kann in öl- (und gas-) importierenden Ländern einer bedeutenden Expansion der Energieerzeugung auf Grundlage dieser Brennstoffe nicht mehr das Wort geredet werden. Ausweichmöglichkeiten zu anderen heimischen konventionellen Energiequellen gibt es in vielen Ländern entweder gar nicht oder doch nur in unzureichendem Maß. In Österreich steht immerhin noch eine erhebliche Reserve an ungenützter Wasserkraft zur Verfügung. Doch werden wir in absehbarer Zeit auf eine Grenze stoßen. Diese Grenze wird umso früher erreicht werden, je mehr man den höchst berechtigten Anliegen des Umweltschutzes Rechnung trägt. Z. B. ist die Verbauung der Wachau oder mancher Hochalpengewässer, wie der Krimmler Fälle, unannehmbar, wenn Österreich nicht seinen Charakter verlieren soll. Neben dem Ausbau der Wasserkraft ist auch die Erschließung weiterer Kohlevorkommen wichtig; sie dürften freilich nicht besonders umfangreich sein. Schließlich kann man innerhalb gewisser Grenzen den zusätzlichen Import von Kohle oder auch Strom akzeptieren.

Doch muß man angesichts der Begrenztheit all dieser konventionellen Energiequellen schließen, daß auch in Österreich eine Grundsatzdiskussion über die künftige Energiepolitik notwendig geworden ist.

II.

Es scheint, daß man für die nähere Zukunft Lösungen in drei Richtungen suchen kann. Auch gemischte Lösungen sind natürlich denkbar. Die Richtungen sind:

A) Übergang zu einem Nullwachstum der Energiewirtschaft mit Verzicht auf eine weitere Steigerung des materiellen Standards.

B) Ebenfalls Übergang zu einem Nullwachstum der Energiewirtschaft, jedoch ohne Verzicht auf eine Steigerung des materiellen Standards. Dieses Ziel wäre durch Energiesparen — insbesondere durch Einführung energiesparender Lebensformen und Technologien — zu erreichen.

C) Zusätzliche Energieerzeugung durch nichtkonventionelle Verfahren. Als solche kommen derzeit in beschränktem Maße die Nutzbarmachung von Sonnen- und geothermischer Energie, in großem Maßstab die Nutzbarmachung der Kern-(Atom-)energie in Betracht. Bei der Kernenergie handelt es sich um die Energie aus der Spaltung der Kerne von Uran und/oder Plutonium.

Diese Lösungsmöglichkeiten sollen nun der Reihe nach besprochen werden.

III.

In neuester Zeit ist tatsächlich zum ersten Mal in der industriellen Gesellschaft in Frage gestellt worden, inwieweit für die entwickelten Länder ein weiteres Wachstum der Energieproduktion überhaupt noch wünschenswert ist. Dem Studium dieser Problematik wird sich das neue Energieforschungsinstitut der Schwedischen Akademie der Wissenschaften widmen, das 1975 auf Initiative der internationalen Pugwash-Bewegung gegründet wurde.

Obwohl natürlich bisher noch keinerlei Ergebnisse dieser Studien vorliegen, ist doch kaum anzunehmen, daß ein Nullwachstum der Energieproduktion selbst um den Preis empfohlen werden kann, daß der materielle Standard überhaupt nicht mehr gesteigert wird (reiner Fall A). Eine solche Linie würde ja dahin führen, daß die berechtigten Ansprüche ärmerer Bevölkerungsschichten auf sozialen Fortschritt, die z. B. in Österreich noch immer bestehen, nicht befriedigt werden könnten — mindestens nicht ohne eine radikale Umverteilung des Besitzes.

Insbesondere könnte eine Lösung nach Fall A, also Verzicht auf Steigerung des materiellen Standards, kaum von einem einzelnen Land akzeptiert werden, und ganz besonders nicht von einem kleinen Land für sich allein. Ein Land, das sich im Alleingang einer solchen Linie verschreibt, würde ja vom Weltmarkt verdrängt werden. Die Folge wäre nicht nur Stagnation, sondern sogar Rückschritt.

Die Linie A würde bei demokratischer Konsultation des Volkes gegenwärtig schwerlich Zustimmung finden. Ihre Annahme in Zukunft würde die Erfüllung einer Reihe materieller und ideeller Bedingungen im internationalen Maßstab voraussetzen.

IV.

Maßnahmen nach Linie B (Energiesparen) sind unter allen Umständen dringend, also auch dann, wenn ein weiteres Wachstum der Energieproduktion gemäß Lösung C vorgesehen werden sollte. Die Möglichkeiten des Energiesparens sind zweifellos sehr groß. So hat J. P. Holdren, Gast bei IIASA, in seinem Wiener Vortrag 1975 darauf hingewiesen, daß Dänemark, Schweden und die Schweiz trotz höheren Wohlstands pro Kopf nur halb so viel Energie verbrauchen als die USA. Ein Hebel zur Förderung des Energiesparens ist selbstverständlich eine entsprechende Energiepreispolitik, wobei mit Rücksicht auf den Lebensstandard der arbeitenden Bevölkerung äquivalente Kompensationen durch Preisreduktionen bei anderen Gütern vorzunehmen wären.

Genannt seien beispielhaft (für Österreich) folgende Möglichkeiten des Energiesparens:

1. Verhinderung eines Luxuskonsums von Energie und Förderung energiesparender Lebensformen

2. Lenkung der Kaufkraft zu energieextensiven Dienstleistungen

3. Verbesserte Wärmeisolation im Bauwesen und energiesparende Praxis bei Heizung und Kühlung

4. Begünstigung brennstoffsparender Typen bei Fahrzeugen

5. Vorzug des Kollektivverkehrs gegenüber dem Individualverkehr

6. Einführung energiesparender Technologien in der Industrie

7. Rückführung von Abfallstoffen (Recycling), soweit dabei Energie für Neuproduktion eingespart wird.

Obwohl für österreichische Verhältnisse ein einigermaßen brauchbarer, wenn auch nicht vollständiger Katalog konkreter möglicher Sparmaßnah-

9

men existiert, so müßte doch für jede Gruppe von darin vorgesehenen Maßnahmen eine abschließende Beurteilung vorgenommen werden. Dazu müßten in jedem Fall die Tragweite, die kollateralen positiven und negativen Auswirkungen, z. B. auf die Umwelt, die Kosten der Einführung und schließlich die notwendige Zeitspanne für die Durchführung festgestellt werden. Dies wäre umso wichtiger, als Österreich, wie die Internationale Energieagentur festgestellt hat, bei der Verwirklichung von Energiesparmaßnahmen im Vergleich mit anderen Ländern einen tiefen Rang einnimmt.

Es wird vorgeschlagen, daß die Bundesregierung — wohl am besten über bereits bestehende Instrumente — eine wissenschaftlich-technisch-wirtschaftliche Konferenz einberuft und großzügig vorbereitet. Deren Aufgabe wäre die Feststellung der relevanten Daten und die Ausarbeitung der Prioritätsliste. Wahrscheinlich wird sich die Notwendigkeit zu weiteren Studien herausstellen. Natürlich müßte die Konferenz die bereits geleisteten Arbeiten berücksichtigen, deren Ergebnisse u. a. im Energieplan der Bundesregierung und den Zwischenberichten des Energiesparbeirates niedergelegt sind.

(Dem Energiesparen wirken natürlich die Verkäufer von Energie entgegen, wenn sie auch — der Stimmung des Volkes Rechnung tragend — gegenteilige Lippenbekenntnisse ablegen mögen. Zu den Verkäufern, deren Profite mit steigendem Energiekonsum wachsen, gehören natürlich in erster Linie die multinationalen Ölgesellschaften. Doch bemühen sich auch die Elektrizitätsproduzenten, darunter sogar Firmen in öffentlichem Besitz, um Steigerung des Stromabsatzes. Gerade von dieser Seite wurde das absurde Schlagwort gebraucht, man würde zum Kienspan zurückkehren müssen, wenn man die Expansionswünsche der Elektrizitätswirtschaft nicht akzeptiere. Noch wirkungsvoller als die direkte Propaganda der Energieproduzenten ist sicherlich die Propaganda der Firmen, die energieverbrauchende Einrichtungen und Anlagen verkaufen, z. B. der Automobil- und Haushaltsgerätefirmen, der Hersteller privater geheizter Schwimmbäder und Saunas, usw.)

Gegenwärtig kann noch nicht behauptet werden, daß ein weiteres Wachstum des materiellen Standards im wünschenswerten Ausmaß allein durch Energiesparen gespeist werden könnte, d. h. daß ein solches Wachstum mit Nullwachstum der Energieproduktion kombiniert werden könnte. Insbesondere auf weitere Sicht wären die beiden Ziele miteinander unverträglich, denn das Energiesparen hat seine natürlichen Grenzen; es muß da eine Regel des abnehmenden Ertrages gelten.

Dieser Abschnitt ist also dahingehend zusammenzufassen, daß wirkungsvolle Maßnahmen zum Energiesparen jedenfalls zu ergreifen sind. Jedoch kann durch Sparen allein das Energieproblem nicht gelöst werden.

V.

An neuen, also nichtkonventionellen Energiequellen stehen heute in Österreich die geothermische Energie und die Sonnenenergie in kleinem Ausmaß zur Verfügung.

Die geothermische Energie wird im Nachbarland Ungarn für Heizzwecke verwendet. Die unterirdischen Heißwasserseen Ungarns erstrecken sich zweifellos in den südöstlichen Teil Österreichs. Auch anderswo mag es bei uns unmittelbar verwertbare Erdwärme geben. Prospektionsarbeiten in größerem Maßstab und Studien über die Wirtschaftlichkeit von Anlagen sind jedenfalls dringend nötig. Tatsächlich ist ein Projektteam mit den Fragen der Geothermik in Österreich befaßt.

Zweitens ist vielfach im Ausland und stellenweise sogar auch im Inlande praktisch gezeigt worden, daß unter den bestehenden klimatischen Verhältnissen Sonnenenergie für Raumheizung und Warmwassererzeugung verwendet werden kann. Rasche und energische Initiativen von öffentlicher Seite sind angezeigt. Die technischen Methoden der Sonnenwärmenutzung sind zu begutachten und eine ökonomische Serienerzeugung der Bestandteile der notwendigen Einrichtungen in Angriff zu nehmen. Auch die von heimischen Fachleuten bereits vorgeschlagenen Verfahren zur wirtschaftlichen Erzeugung von Strom durch Sonnenenergie auf dem Weg über Wärme sind wohlwollend zu prüfen und gegebenenfalls in die Praxis umzusetzen.

So wichtig nun auch die Arbeit auf diesen Gebieten ist, so wenig darf man sich innerhalb kurzer Zeiträume von diesbezüglichen Erfolgen eine Befriedigung eines nennenswerten Teiles eines Mehrbedarfs an Energie erwarten, falls dieser einige Prozent je Jahr ausmacht, wie dies in der Regel in den vergangenen Jahrzehnten zutraf. Damit steht nicht im Widerspruch, daß die Sonnenenergie langfristig die Zukunft der Menschheit sichern kann. Darauf wird später zurückzukommen sein.

Für eine starke Steigerung der österreichischen Energieproduktion in den nächsten Jahrzehnten würde demnach nur die Kernenergie zur Verfügung stehen. Der Kernenergie haben sich — mindestens teilweise aus ähnlichen Erwägungen — die meisten entwickelten Länder zugewendet, u. a. in Westeuropa die Bundesrepublik Deutschland und Frankreich („tout nucléaire"). Im bisher höchsten Ausmaß (ein Fünftel) wird in der Schweiz bereits jetzt der Strombedarf durch Kernkraftwerke gedeckt.

VI.

Gegen den Bau von Kernkraftwerken hat sich vielfach eine Massenbewegung entwickelt, deren Triebfeder die Besorgnis über die Sicherheit der

Kraftwerk ist. Die Besorgnis bezieht sich zunächst (kurzfristig) auf folgende Fragenkreise:

1. Versagen der Kühlung mit Ausschüttung großer Mengen radioaktiver Stoffe

2. Austritt radioaktiver Stoffe im Normalbetrieb

3. Klimatische und hydrologische Auswirkungen der Kraftwerke

4. Gefahren beim Transport gebrauchter, hoch radioaktiver Brennstoffelemente

5. Aufarbeitung dieser Brennstoffelemente — besteht die Gewähr für die Übernahme durch das Ausland?

6. Problematik der Langzeitlagerung von Atommüll

7. Beseitigung der Reaktorleichen nach Ende ihres Betriebs.

Über diese Fragen, die man (in einem erweiterten Sinn) unter dem Titel „Reaktorsicherheit" zusammenfassen kann, besteht eine immense Literatur. Staatliche Organisationen, z. B. die ehemalige Atomenergiekommission der USA sowie die Lieferanten von Kernkraftwerken, haben versucht, beruhigend zu wirken. (Anmerkung. Die USAEC ist durch die ERDA, die Energy Research and Development Agency, abgelöst worden, die neben der Kernenergie auch andere Energiequellen betreut.) In neuerer Zeit ist auch der von den amerikanischen Behörden veranlaßte „Rasmussen-Bericht" zu relativ günstigen Ergebnissen betreffend Punkt 1 gekommen. Andererseits ist die Zahl der Wissenschafter, darunter auch von Fachleuten für Kernenergie, mit skeptischer oder direkt kraftwerksgegnerischer Einstellung ebenfalls gewachsen.

Es kann unmöglich die Aufgabe des vorliegenden Kurzberichtes sein, sozusagen ein Super-Verdikt über Reaktorsicherheit abzugeben. Die Beurteilung, wie groß unter den bestehenden österreichischen Verhältnissen die Risken sind, müßte in einem zweckmäßig zusammengesetzten wissenschaftlichen Forum fallen. Dieses müßte aus seriösen Fachleuten zusammengesetzt sein, die die verschiedenen möglichen Meinungen repräsentieren. Übrigens ist fairerweise festzustellen, daß auch andere Energietechnologien, z. B. der Kohlebergbau und die Errichtung von Staumauern, gewisse Sicherheitsrisken bringen.

Die Diskussion wäre nicht auf die Sicherheit zu beschränken. Zu klären wären auch weitere technische Probleme. Wichtig sind insbesondere folgende Fragen: (1) Inwieweit muß bei Einführung von Kernkraftwerken zusätzliche Reservekapazität in Form konventioneller Kraftwerke gebaut werden, damit ein Ausfall der riesigen Kernkraftwerksblöcke nicht katastrophale

Folgen nach sich zieht? (2) Ist zur Ergänzung der Kernkraftwerke, die ja „Bandstrom" (für Grundbelastung) liefern, zusätzliche konventionelle Kapazität zur Deckung von Verbrauchsspitzen nötig, d. h. inwieweit macht der Übergang auf Kernenergie erst recht die Verbauung der hochalpinen Landschaft für Speicher oder die Errichtung zusätzlicher fossil-befeuerter Kraftwerke nötig?

Einer Beurteilung bedarf auch die Frage der Konsequenz einer Unterbrechung der Versorgung mit dem angereicherten Uran, wie es für Leichtwasserreaktoren und auch für gasgekühlte Hochtemperaturreaktoren — nicht allerdings für die kanadischen Schwerwasserreaktoren (CANDU), die für Österreich freilich nicht in Erwägung gezogen werden — benötigt wird. Sehr wohl könnte einmal analog der Ölkrise eine Urankrise eintreten, und zwar ebenso wie beim Öl auch ohne Erschöpfung der Lagerstätten.

Die Entscheidung, ob die festgestellten Risken bezüglich Reaktorsicherheit und anderen Schwierigkeiten in Kauf zu nehmen sind, also die Kernenergie als notwendiges Übel zu akzeptieren ist, oder aber das Wachstum der Energieproduktion auf den Rahmen zu beschränken ist, der durch die konventionellen Quellen gegeben ist, erfließt aus einer Bewertung der relativen Vorteile und Nachteile. Es handelt sich demgemäß offenbar nicht mehr um eine rein wissenschaftliche, sondern schon um eine stark politisch geprägte Entscheidung.

Bei einer Entscheidung zugunsten der Kernenergie wäre natürlich zu bedenken, daß sie die Zukunft unserer Energiewirtschaft auf lange Zeit festlegen würde, da die Investitionen für Kernkraftwerke und Hilfseinrichtungen enorm wären und auch die Neuorientierung der qualifizierten Arbeitskraft nicht so leicht rückgängig zu machen wäre. Die Kernenergieindustrie würde zu einer starken, ja zu einer fast unangreifbaren Macht. Die Weichen wären auf unabsehbare Zeit gestellt.

VII.

Wenn wir auch hier das genannte Super-Verdikt nicht fällen können, so darf doch schon jetzt mit allem Nachdruck betont werden, daß neben dem auch schon kurzfristig bestehenden Problem der Reaktorsicherheit global das langfristige Problem der Plutoniumökonomie existiert.[1] Alle Kernkraftwerke liefern nämlich unvermeidlich im Betrieb große Mengen an Plutonium. Zumeist wird vorgesehen, daß das Plutonium dann allmählich das ursprünglich verwendete Uran teilweise ersetzt und selbst verheizt wird, was freilich nur marginal wirtschaftlich ist und bisher nur im Versuchsmaßstab erfolgt. Wenn Schnelle Brüter angewendet werden, ist der Ersatz von spaltbarem Uran durch Plutonium nach einer gewissen Zeit

---

[1] Siehe E. Broda, Naturwissenschaftliche Rundschau, Juli 1975

sogar vollständig. Man kann von einer Plutoniumökonomie sprechen, sobald die Kernkraftwerke zu einem wesentlichen Teil Plutonium verwenden.

Das Plutonium ist nun ein Kernexplosivstoff — Nagasaki wurde 1945 durch eine Plutoniumbombe vernichtet. Das Plutonium aus den Schnellen Brütern hat hohe Waffenqualität, jenes aus den Leichtwasserreaktoren geringere Qualität; aber als Kernexplosivstoff brauchbar ist das Plutonium aus den Kernkraftwerken auf jeden Fall. Bei einer starken Expansion der Kernenergiewirtschaft in der Welt, wie sie jetzt in Aussicht genommen wird, wird jährlich, ja täglich eine enorme Menge an Plutonium hergestellt werden. Immer wachsende Mengen werden sich im Stadium der Aufarbeitung und auf Lager befinden. Dies ist das größte Problem überhaupt bei der Kernenergie.

Zu Ende des Jahrhunderts wird das alljährlich anfallende Plutonium eine Gesamt-Explosivkraft äquivalent Hunderttausenden Nagasakibomben haben. Da die Halbwertszeit des Plutonium im Vergleich zu historischen Zeiträumen groß ist (24.000 Jahre), bleibt das einmal erzeugte Plutonium von sich aus praktisch unbegrenzt bestehen. Auch wenn es verheizt werden soll, ist kaum zu verhindern, daß ein kleinerer oder größerer Teil des Plutonium unterwegs abgezweigt wird. Dies kann durch terroristische oder verbrecherische Kräfte geschehen. Am schlimmsten aber ist die Gefahr der militärischen Verwendung durch die Staaten selbst.

Das Plutonium ist überdies auf Grund seiner Radioaktivität, die sich infolge seiner besonderen chemischen Natur besonders stark auswirken kann, auch ein extrem starkes Gift. Bereits ein Millionstel Gramm, in Form von feinem Staub (als „Aerosol") eingeatmet, kann Lungenkrebs erregen. Bei den vielfachen und komplizierten, zum Großteil ferngelenkt verlaufenden Manipulationen des gebrauchten Kernbrennstoffes ist mit Austritt und Verlust von Plutonium in die Biosphäre zu rechnen, über die es sich immer weiter verbreiten wird. Schon bisher sind erhebliche Mengen an Plutonium bei Aufarbeitung und Transport durch fehlerhafte technische Praxis und Schlamperei einfach verloren gegangen. Der Hauptteil des gegenwärtigen Plutoniumgehalts des Bodens stammt allerdings aus den atmosphärischen Kernwaffenversuchen. Das Plutonium des Bodens erscheint früher oder später in Staubwolken, denen der Mensch ausgesetzt ist, in Nahrungsmitteln usw.

Ein besonderes Problem stellt die Lagerung plutoniumhaltiger Abfälle dar, wie sie sich in einer Plutoniumökonomie auf Schritt und Tritt ergeben. Z. B. enthalten die Lösungen oder Konzentrate der ohnehin stark radioaktiven Spaltprodukte unter praktischen Bedingungen immer noch ganz erhebliche Reste von Plutonium. Wenn man solche Abfälle der „Endlagerung" zuführt, für die man verlassene Salzbergwerke vorsieht, muß man auf Hunderttausende von Jahren die Garantie übernehmen, daß sie dort verbleiben und nicht etwa durch Erdbewegungen oder Wassereinbrüche austreten. Für die Überwachung wird man auf die gleiche Zeit eine Schar von hochqualifizierten Wächtern bereitstellen müssen, die die Meßgeräte ablesen und instandhalten und dann gegebenenfalls Alarm schlagen. Hier wird also den Menschen der Zukunft auf Zehntausende Generationen eine schwer oder gar nicht tragbare Hypothek aufgebürdet.

Im Hinblick auf die Unmöglichkeit, die Probleme einer Plutoniumökonomie dauernd mit Sicherheit zu bewältigen, ist eine solche Ökonomie abzulehnen. Soweit der Bau von Kernkraftwerken unvermeidlich sein sollte, sind sie als Provisorien zu betrachten, bis bessere Alternativen gefunden werden.[2]

VIII.

Wegen der mangelnden Ergiebigkeit der konventionellen Energiequellen und der Unannehmbarkeit der Plutoniumökonomie muß man rechtzeitig nach weiteren unkonventionellen Energiequellen Umschau halten. Hier ist neben den Möglichkeiten der Ausnützung der Kernverschmelzung (Fusion) und der Ausnützung der Wärme trockenen Gesteins („Geothermie"), über deren Aussichten sich andere Spezialisten äußern müssen, die Perspektive auf die großtechnische Ausnützung der Sonnenenergie zu nennen.

Verschiedene Verfahren zur großtechnischen Verwertung der Sonnenstrahlung sind möglich. Zu nennen sind zunächst die mit Halbleitern arbeitenden „photovoltaischen" Solarzellen, die sich in der Raumfahrt bewähren, allerdings vorläufig viel zu teuer sind. Interessant sind auch Vorschläge zu Verfahren, die über die Wasserstofferzeugung aus Wasser („Photolyse") laufen.[3] Der Wasserstoff kann zur Wärmeerzeugung, vor

---

[2] Von der Kernenergieindustrie und ihren Fachleuten wird immer wieder als unfair hingestellt, daß die Skeptiker und Gegner die friedliche Kernindustrie mit der Kernwaffenindustrie in Zusammenhang bringen. Die Psychologie wird bemüht, um zu erklären, daß der Schock von Hiroshima und Nagasaki eine objektive Beurteilung der Kernenergieindustrie verhindere. Leider ist aber doch, wie bemerkt, Tatsache, daß bei den Kraftwerken stets Kernexplosivstoff erzeugt wird. Zweifellos bestehen bei Kernanlagen, wie sie von so manchen, auch brennstoffreichen Staaten betrieben, gebaut und großzügig finanziert werden, berechtigte Zweifel, inwieweit sie friedlichen oder aber in Wirklichkeit militärischen Zwecken dienen. Über technische Aspekte der Kernwaffen siehe E. Broda, Zur Technologie des modernen Krieges, Wissenschaft und Weltbild, Juli 1974.

[3] Siehe E. Broda, Naturwissenschaftliche Rundschau, Oktober 1975; G. A. Peschek, Photochemische Nutzbarmachung der Sonnenenergie, Bundesministerium für Wissenschaft und Forschung, Wien 1975.

allem aber in Wärmekraftmaschinen oder besser in Brennstoffelementen
zur Stromerzeugung benützt werden. Er kann auch im Hüttenwesen zur
Metallgewinnung, in der Industrie als Rohstoff, z. B. auch zur Erzeugung
von Düngemitteln, Kohlewasserstoffen und (mikrobiologisch) von Futter-
mitteln verwendet werden und schließlich im Verkehrswesen und Landwirtschaft als Treibstoff dienen.

Der Energieeinfluß der Sonnenstrahlung, die ständig die Erde trifft, ist
riesenhaft (170 Billionen Kilowatt). Auch gibt es keinerlei Naturgesetz,
das der großtechnischen Nutzbarmachung dieser Strahlung im Wege steht.
Jedoch ist zur Realisierung dieser Möglichkeit noch viel Forschungs- und
Entwicklungsarbeit zu leisten; bisher liegen nur erste Ansätze vor. Daher
ist auch mit einer Energiegewinnung in großem Maßstab nach derartigen,
etwa photovoltaischen oder photochemischen Verfahren erst nach längerer
Zeit zu rechnen.

Umso dringender ist es, bereits jetzt großzügig mit Forschungsarbeiten zu
beginnen. Schließlich hat man auch von der Entdeckung der Kernspaltung
bis zum Betriebsbeginn von Großkraftwerken drei Jahrzehnte gebraucht.
Die meiste Forschungsarbeit über Sonnenenergie wäre zweckmäßig in einem
internationalen Sonnenforschungsinstitut zu leisten, das durch die Vereinten
Nationen oder wenigstens unter ihrer Ägide gegründet werden könnte,
um eine Zersplitterung der Bemühungen zu vermeiden. Die laufenden
Kosten eines solchen Instituts wären gar nicht besonders groß — weit
geringer z. B. als jene für das Hochenergieinstitut CERN in Genf, obwohl
dieses keinerlei praktische Ziele verfolgt. Benötigt würde vor allem die
Gewinnung und Bezahlung erstklassiger und entsprechend motivierter For-
scherpersönlichkeiten aus den einschlägigen wissenschaftlichen Richtungen.
Dagegen würden, anders als bei CERN, keinerlei Präzisionsinstrumente
riesigen Ausmaßes, die obendrein komplizierteste Elektronik umfassen,
benötigt. Das Institut könnte aus Abteilungen in verschiedenen Ländern
bestehen.

Angesichts der Beliebtheit und Stellung Österreichs in der Welt würde ein
entsprechender Schritt unseres Landes bei den Vereinten Nationen eine
gewisse Aussicht auf Erfolg bieten. Aber selbst wenn sich gegenwärtig
dieser Erfolg noch nicht einstellen sollte, würde ein solcher Schritt Österreich zur Ehre gereichen; man würde sich seiner auch erinnern, wenn die
Vereinten Nationen sich früher oder später doch zu Handlungen ent-
schließen.

IX.

Zusammenfassend ist festzustellen, daß die Beantwortung der im Titel
dieses Beitrags gestellten Frage mittelfristige wissenschaftlich-technisch-
wirtchaftliche Daten über folgende Probleme erfordert:

16

1. Welches Wachstum der Energieproduktion ist vorzusehen?
2. Wieviel Wachstum kann aus konventionellen Quellen bestritten werden?
3. Was ist der mögliche Ertrag des Energiesparens?
4. Was sind die Risken und Schwierigkeiten der Kernenergie?

Zu einigen dieser Punkte enthält der Energieplan der Bundesregierung bereits Aussagen. In Bezug auf keine Frage kann die Antwort punktuell sein, sondern sie muß in jedem Fall einen Variantenbereich umfassen, innerhalb dessen dann die Entscheidung wählbar ist, da ja die unabhängige Optimierung jedes Punktes Nachteile und Kosten mit sich bringt. So wird ein Wachstum aus konventionellen Quellen durch zunehmende Zerstörung der Umwelt und Abhängigkeit vom Ausland erkauft, Energiesparen durch Beschränkungen bei Lebensformen und Technologien. Auch die Risken der Kernenergie selbst hängen natürlich vom Ausmaß der Sicherheitsvorkehrungen und damit von den akzeptierten Kosten ab.

Man erhält daher aus den Daten, die durch wissenschaftlich-technisch-wirtschaftliche Untersuchung geliefert werden, in Bezug auf die genannten vier Punkte funktionelle Zusammenhänge („Kosten-Nutzen"; siehe unten). Der Computer könnte dann die verschiedenen möglichen Varianten einer Energiepolitik liefern, die natürlich alle gemeinsam hätten, daß keine Energielücke auftritt.

Daß die schließlich getroffene Wahl nicht technokratisch, sondern, wie schon vorher betont, politisch bedingt ist, folgt daraus, daß „Kosten" und „Nutzen" nicht rein finanziell aufzufassen sind. Vielmehr müssen in entscheidender Hinsicht frei wählbare Bewertungen erfolgen, z. B. bezüglich des Interesses an Volksgesundheit sowie Umwelt- und Landschaftsschutz.

Es wäre zu überlegen, die Vorgangsweise bei der österreichischen Energieplanung, die sich derzeit auf die Arbeit von Arbeitskreisen für Energieprognose und die verschiedenen Zweige der Energiewirtschaft sowie auf die Empfehlungen eines übergeordneten Energiebeirates stützt, auszubauen. Man könnte sich denken, daß zunächst zentral organisierte Beratungen von Wissenschaftern, Technikern und Wirtschaftern die nötigen Unterlagen liefern, daß sodann eine politische Bewertung stattfindet und die Varianten der Energiepolitik rechnerisch ermittelt werden. Schließlich wird eine politische Endentscheidung nötig sein. Die sachliche Fundierung wäre bei der genannten Vorgangsweise gesichert. Die Entscheidungen würde dann natürlich auch beinhalten, inwieweit weitere Kernkraftwerke in Österreich nötig sind.

Die Ermittlung der Varianten könnte der Österreichischen Akademie der Wissenschaften übertragen werden, die wieder mit dem Internationalen Institut für Angewandte Systemanalyse in Laxenburg zusammenarbeiten könnte.

Eine gegebenenfalls erforderliche Annahme eines begrenzten Ausmaßes an Kernenergie in Österreich für die nahe Zukunft darf allerdings nicht die Absicht beeinträchtigen, in internationalem Zusammenwirken alle Maßnahmen zu treffen, um die Menschheit vor der immens gefährlichen Plutoniumökonomie zu bewahren. Man darf nicht, um sich im Energiekonsum während einiger Jahrzehnte keine Beschränkungen auferlegen zu müssen, unsere Nachkommen auf unabsehbare Zukunft mit einer Todeshypothek belasten.

Februar 1976

Kernenergie

W. Häfele

I. Der längerfristige Kontext für die Frage nach der Kernenergie

In Westeuropa beträgt der Anteil des Öls an der Primärenergie etwa
55 Prozent, d. h. mehr als die Hälfte des Primärenergiebedarfs wird durch
importiertes Öl gedeckt, Kohle, Erdgas und auch Wasserkraft übernehmen
den Rest. Der Anteil der Kernenergie liegt heute noch deutlich unter
5 Prozent, in einzelnen Ländern noch erheblich unter 2 Prozent. Im Laufe
der Fünfziger und Sechziger Jahre hat Öl diesen hohen Marktanteil gewonnen, weil es am billigsten war und weil sich flüssige Brennstoffe leichter
handhaben lassen als feste Brennstoffe; Kohle wurde vom Öl verdrängt.

Bei heute vorherrschenden Bedingungen, d. h. Marktmechanismen, Ver-
braucherquoten, Trends usw. reicht das Öl noch für etwa 50 Jahre. Bei
einer Veränderung der vorherrschenden Bedingungen etwas länger oder
kürzer, vielleicht 80 Jahre, vielleicht 30 Jahre, das heißt die Zahl 50 ist
keine magische Zahl aber auch nicht sehr variabel. Die Frage, der sich
jeder verantwortungsbewußte Bürger und zumal Regierung und Parlament
eines Landes stellen müssen, ist eine doppelte:

1. Soll es im Anblick der begrenzten Ölvorrätesituation bei dem Marktanteil des Öls bleiben?

2. Soll der mehr oder weniger große Zusatzbedarf, der sich aus dem
   Wachstum des Energieverbrauchs ergibt, durch Öl oder durch einen anderen Primärenergieträger gedeckt werden?

Dabei hat man sich vor Augen zu halten, daß eine verengende Vorrats-
situation sich frühzeitig und zuerst politisch ankündigt. Die Ölkrise hatte
und hat sicher viele Wurzeln. Man hat aber auf das von der OPEC
(Organization of Petroleum Exporting Countries) explizit vorgebrachte
Argument zu hören, wonach der heutige Ölpreis so eingestellt ist, daß er
bewußt Konkurrenzenergien auf den Markt bringt (1). Das ist das Gegen-

teil eines traditionellen Marktverhaltens, das Konkurrenten eher ausschalten als ins Spiel bringen will. Über die mit solchen Änderungen einhergehende politische Problematik ist viel gesagt und geschrieben worden, es soll hier nur darauf verwiesen werden. Die Energiefrage führt sehr schnell zu massiven Existenzfragen wie etwa Vollbeschäftigung, Konjunktur, soziale Leistungsfähigkeit und anderen. Mit der Energiefrage ist es bitterer Ernst.

Es ist viel vom Energiesparen die Rede. Vor allem kurzfristig (d. h. in den nächsten 10 bis 15 Jahren) werden wir Energiesparen müssen und darüber hinaus Energiesparen sollen. Bei alledem hat man sich aber einiges vor Augen zu halten:

1. In der immer rascher zusammenwachsenden Welt gibt es drei verschiedene Gründe für den steigenden Weltbedarf an Energie:

   — das Energiewachstum in den industrialisierten Ländern

   — der steigende, im Einzelfall schon heute sogar sehr rasch steigende pro-Kopf-Verbrauch an Energie in den Entwicklungsländern

   — die wachsende Weltbevölkerung.

Immer rascher wird der relative Anteil des Energiewachstums in den industrialisierten Ländern am globalen Energiewachstum abnehmen. Man mag eine Parallele ziehen zum Bevölkerungswachstum, zu dessen Verminderung ein Rückgang der Geburten etwa in Europa praktisch nichts beiträgt. Eine solche weltweite Perspektive ist voll angemessen, denn nicht erst in der Zukunft sondern vielmehr schon heute bestimmt sich die Energiesituation von solchen globalen Zusammenhängen her. Das Öl für den überwiegenden Teil der westlichen Welt kommt von einer Stelle des Globus, aus dem Nahen Osten.

Solange es ein auch nur geringfügiges Wachstum gibt, führt Energiesparen nur zu einer Hinauszögerung des Energieproblems um zehn oder fünfzehn Jahre. Auf sehr lange Sicht wird es wohl erforderlich sein, zu echtem Nullwachstum zu kommen. Hier muß aber gewarnt werden: Die mit Nullwachstum einhergehenden Änderungen aller sozialen Bedingungen sind nach allem, was wir wissen, sehr tiefgreifend und erfordern deswegen eine lange Vorbereitungszeit, die in der Gegend von 100 Jahren zu schätzen ist. Jede schnellere Änderung dürfte zu großen Katastrophen führen. Man mag die Wachstumsabhängigkeit unserer Gesellschaft mit dem Fahren eines Fahrrades vergleichen: Man kann zwar langsamer fahren, aber nicht anhalten, sonst fällt man um. Konkret gesprochen: Heute liegt die Wachstumsrate des Energiebedarfs bei 4,5 Prozent bis 5 Prozent. 3 Prozent höchstens 2 Prozent mögen ein innerhalb einer Dekade realistisch erreichbares Ziel sein, 1 Prozent oder 0 Prozent sind kein realistisches Ziel. Man mag das im kleinen Bereich anstreben, ein für die Allgemeinheit verantwortlicher Politiker kann das nicht tun. Ebenso freilich ist festzustellen, daß das Mögliche beim Energiesparen auch wirklich getan werden muß.

Das Eigentümliche am Energieproblem ist, daß es seine Merkmale innerhalb etwa der nächsten fünfzig Jahre nahezu umkehren wird: Kurzfristig ist das Energieproblem ein Vorräte- und Versorgungsproblem für billige Energie. Langfristig gibt es praktisch unbegrenzt viel, gegebenenfalls teure, Energie, bei deren Produktion und Umgang, Umwelt, Klima und Sicherheitsaspekte als Probleme an die Stelle der Versorgungsprobleme treten werden.

Grundsätzlich gesprochen gibt es dafür vier — und wenn man so will — fünf Optionen. Dieses sind die folgenden:

1. Energie aus Kernspaltung nach dem Brüter-Prinzip.

2. Energie aus Kernfusion, vermutlich nach dem Deuterium-Lithium-Prinzip.

3. Sonnenenergie.

4. Erdwärme.

5. Kohle (nur bedingt).

Energie aus der Kernspaltung nach dem Brüterprinzip gibt es, auch bei stark gestiegenen Weltenergieverbrauch, für mehrere hunderttausend Jahre. Das gleiche gilt für Energie aus Kernfusion nach dem Deuterium-Lithium-Prinzip. Sonnenenergie gibt es praktisch ganz unbegrenzt. Erdwärme gibt es de facto nicht in dem gleichen Maße, wohl aber doch für mehrere hundert Jahre.

Es ist nicht der Sinn dieses Aufsatzes, diese Dinge im größeren Detail zu erläutern, vielmehr ist es der Sinn, darauf hinzuweisen, daß es diese Alternativen gibt und, soweit wir heute es überblicken können, *keine anderen*. Es gehören *nicht* dazu: Gezeiten, Wind, Wellen. Diese sind gegebenenfalls von regionaler Bedeutung, nicht aber als volle Option (2). Eine halbe Option ist die Kohle. Die Kohlevorräte sind grundsätzlich gesehen um etwa den Faktor 10 größer als diejenigen an Öl und Erdgas. Rein physisch sind sie etwa in der Bundesrepublik Deutschland weit größer als die bekannten Weltvorkommen an Öl und Gas. Allerdings ist das noch nicht das ganze Bild. Unter Marktbedingungen muß Kohle sich so anbieten, daß sie sich durchsetzt: billig und verbraucherfreundlich. Bis zur Stunde hat es wachsende Schwierigkeiten gegeben, beides zu vereinen. Zukünftig bedeutsame Nutzung der Kohle heißt Kohlevergasung (in kleinerem Maße auch Verflüssigung). Könnte man sicherstellen, daß der heute gültige Ölpreis, der rein politisch durchgesetzt worden ist, auch in Zukunft d. h. für mehrere Jahrzehnte so bleibt, könnte Kohlevergasung im großen Stil angegangen werden. Die Garantie eines solchen Mindestpreises, der etwa dem heutigen Ölpreis entsprechen müßte, ist aber dann ebenfalls ein rein politisches Problem. Henry Kissinger's Vorschläge zu einem „floor price" und die Gründung der International Energy Agency (IEA) in Paris sind Hinweise auf die Größe der hier anstehenden Problematik. Einzelne Industrieländer können auch nicht mehr isoliert handeln. Bei der Kohle gibt es aber auch ein Produktionsproblem. Die deutsche Kohle liegt sehr tief, die Arbeitsbedingungen werden Zug um Zug härter. In 1200 m herrscht eine Temperatur von etwa $+35°$ C. Wer arbeitet unter solchen Bedingungen? Gastarbeiter? Eine teilweise Antwort wäre die weitgehende Automatisierung des Produktionsprozesses. In der überschaubaren Zukunft bedeutet das aber, daß weniger als 10 Prozent der Kohlevorräte tatsächlich zugänglich sind, und damit ähnlich stark begrenzt sind wie diejenigen an Öl. Wie begrenzt, ist eine Frage an die Bereitschaft, erhebliche Kapitalmengen bereitzustellen, für praktisch unbegrenzte Zeiten Mindestpreise zu garantieren und harte Arbeitsbedingungen zu akzeptieren. Um das alles zu vermeiden, war Europa ins Öl gegangen.

Bei den übrigen vier Optionen gibt es ebenfalls die Notwendigkeit, bestimmte Arten von Anstrengungen zu unternehmen, die wir bisher nicht unternehmen mußten und die wir bis zur Stunde nicht unternehmen wollen:

a) In jedem Falle gibt es einen hohen Kapitalbedarf, der zu einem relativen Konsumverzicht zwingt. Vor allem gilt das für die bisher wenig untersuchte Option der Erdwärme, in der einen oder anderen Form aber für alle Optionen.

b) Bei der Option Kernspaltung muß man mit großen Mengen an Radioaktivität umgehen. Bei der Kernfusion besteht begründete Aussicht, daß das quantitativ besser sein könnte, qualitativ wird das aber doch zu derselben Situation führen (Verbesserung um den Faktor 30—100).

c) Bei der Sonnenenergie sind erhebliche Mengen an Land erforderlich, die mit Anlagen zu bedecken sind. Für 1000 MWe (der Größe eines modernen Atomkraftwerkes) sind in Mitteleuropa etwa 80 km² erforderlich. Die Produktion und Handhabung der entsprechenden Materialmengen bringen ihre eigenen Probleme mit sich, der Landbedarf ist mit Sicherheit von weitreichenden rechtlichen, sozialen und ökologischen Konsequenzen.

d) Bei der Nutzung der Erdwärme wird es vor allem zu einem sehr hohen Kapitalbedarf kommen. Vermutlich wird es auch erhebliche Umweltbelastungen geben.

Wir werden in der Zukunft solche Art neuartiger Anstrengungen zu akzeptieren haben. Dabei haben wir innerhalb gewisser Grenzen die Wahl: harte Arbeitsbedingungen, Aufgabe von Land, Umweltverschmutzung bei der Verbrennung fossiler Brennstoffe, extreme Sorgfaltspflicht bei Kernenergie, Eingriff in heute noch existierende ökologische Gleichgewichte und in jedem Fall relativen Konsumverzicht zur Bereitstellung des immer erforderlichen Kapitals. Es sei hier angemerkt, daß auch weitgetriebene Energiesparmaßnahmen zu einem erheblichen Kapitalbedarf führen. Man hat solchen Kapitalbedarf mit dem Kapitalbedarf dieser fünf Optionen für die Produktion praktisch unerschöpflicher Energiemengen zu vergleichen. Dies ist der Kontext, in dem auf etwas längere Sicht die legitime Frage nach der Kernenergie gesehen werden muß. Die legitime Frage nach der Kernenergie heißt nicht: Kernenergie, ja oder nein? vielmehr: Was sind die Alternativen für die Kernenergie und was ist das kleinste Übel?

II. Die heutige Situation der Kernenergie

Es macht die eigentümliche Schwierigkeit der angemessenen Beurteilung der Kernenergie aus, daß sie unter ganz anderen Bedingungen entwickelt worden ist und daß sie heute diese früheren Bedingungen mit der oben beschriebenen längerfristigen Situation nach Art einens Scharnieres verbindet.

1955, als weltweit die Entwicklung der friedlichen Nutzung der Kernenergie begann, war die Motivation die mit solcher Entwicklung verbundene technologische Innovation, oder anders ausgedrückt: ein Mithalten mit der technologischen Entwicklung der Großmächte. Nur solche andauernde technologische Entwicklung würde den industriellen Anschluß gewährleisten, so lautete das damals zweifellos auch richtige Argument. Sich durchsetzen konnte die friedliche Nutzung der Kernenergie freilich nur, wenn sie schließlich gegenüber anderen Energieträgern konkurrenzfähig wurde. Das kam Mitte der Sechziger Jahre zustande. Seit der drastischen Ölpreiserhöhung von 1973 ist die Kernenergie ohne jeden Zweifel und massiv konkurrenzfähig, mehr als das, sie ist die billigste Form der Elektrizitätserzeugung, falls die Kraftwerke größer als etwa 600 bis 700 MWe sind.

Diese Aussage gilt für die heutige Generation von Kernkraftwerken. In den meisten Fällen handelt es sich dabei um sogenannte Leichtwasserreaktoren, die von ihrer Konzeption her relativ geringe Kapitalkosten zulassen. Sie arbeiten nicht nach dem Brutprinzip und müssen deshalb auf reichere Uranerzvorräte, d. h. Uranvorräte höherer Konzentration zurückgreifen. Solche Vorräte sind ähnlich begrenzt, wie das bei fossilen Vorräten der Fall ist. Wieder sind solche Begrenzungen fließend, ein Zeitraum von 50—100 Jahren dürfte aber hinreichend gut die Nutzungsdauer des für die heutigen Kernreaktoren brauchbaren Urans charakterisieren (3). Darüberhinaus muß man feststellen, daß heute Kernenergie praktisch nur Elektrizität erzeugt. Der Primärenergieanteil, der der Erzeugung von Elektrizität dient, liegt aber bei nur 25 Prozent. Der Rahmen für den heutigen Einsatz der Kernenergie ist also enger als er oben für die Option Kernspaltung beschrieben worden ist. Entsprechend sieht beispielsweise der Energieplan der deutschen Bundesregierung bis 1985 etwa 50 Prozent Elektrizitätserzeugung durch Kernkraftwerke vor, d. h. nur etwa 15 Prozent der gesamten Bereitstellung an Primärenergie. Würde man bei der Bewältigung des Energieproblems allein auf die Option Kernspaltung zurückgreifen wollen, so müßte man neben der Elektrizitätserzeugung die Erzeugung eines vorzugsweise gasförmigen Sekundärenergieträgers, etwa Ammoniak oder Wasserstoff ins Auge fassen müssen (4). Außerdem müßte man ganz zum Brutprinzip übergehen. Im 300 MWe Maßstab gibt es heute bereits funktionierende Prototypen solcher Brutreaktoren. Solche Brutreaktoren sind in Frankreich, England, der UdSSR, der Bundesrepublik Deutschland und Japan im Bau bzw. in Betrieb. Die technische Möglichkeit, zu Brutreaktoren überzugehen, steht also außer Zweifel. Auch ist die eben erwähnte Herstellung eines gasförmigen Sekundärenergieträgers kein grundsätzliches technisches Problem. Das heißt aber, daß der Übergang zu der oben beschriebenen, langfristigen Option Kernspaltung mit den heute vorhandenen technischen Mitteln möglich ist. Industriell-wirtschaftlich gesehen wird dagegen solch ein Übergang jedoch seine Zeit dauern. Jede neue Technologie erfordert einige Jahrzehnte bis sie 50 Prozent eines Marktes erobert hat (5). Vor allem ist es wieder der Kapitalbedarf, der hier als begrenzender Faktor genannt werden muß. Detailliertere Untersuchungen zeigen, daß für solchen Übergang zu einer reinen Kernenergieversorgung 40 bis 60 Jahre erforderlich sind, danach kann man frei von der Versorgung mit fossilen Brennstoffen sein (6). Bedenkt man, daß die Entwicklung der Kernenergie schon seit 20 Jahren im breiten weltweiten Rahmen im Gange ist, so kann von einer überstürzten Einführung der Kernenergie sicher nicht die Rede sein.

Demgegenüber bestehen heute noch grundsätzliche physikalische Schwierigkeiten beim Entwurf und Bau eines Fusionsreaktors. Erst nach deren Überwindung, die freilich in den nächsten 15 Jahren zu erwarten ist, kann die eigentliche technische Entwicklung eines Fusionsreaktors einsetzen, die ihrerseits einige Jahrzehnte in Anspruch nehmen wird. Erst danach kann es zur Einführung von Fusionsreaktoren im wirtschaftlich-technischen Maßstab kommen, die dann ihrerseits mehrere Jahrzehnte in Anspruch nehmen wird. Im Gegensatz zur Kernspaltung ist also der Übergang zur langfristigen Option Kernfusion mit heutigen technischen Mitteln noch nicht möglich.

Noch in einer anderen Hinsicht unterscheidet sich die heutige Situation der Kerntechnik von der oben betrachteten, längerfristigen Möglichkeit der unbegrenzten Bereitstellung von Energie: Die Anlagen zur Handhabung des für die Kernkraftwerke erforderlichen nuklearen Brennstoffes sind noch nicht vollständig erstellt, insbesondere gilt das für die chemische Wiederaufbereitungsanlagen und die Einrichtungen für die Endlagerung. Vor allem ist das darauf zurückzuführen, daß für die Erstellung solcher Anlagen eine gewisse Erfahrung im Umgang mit bestrahltem Kernbrennstoff vorhanden sein muß. Erst wenn im technischen Umfang bestrahlter Brennstoff vorhanden ist, kann das der Fall sein, erst jetzt also kann solche Erfahrung zustande kommen. Erfahrung im Prototyp Maßstab liegt dagegen vor. Unter anderem bedeutet das, daß man heute bei der großtechnischen Erstellung solcher Anlagen noch einen erheblichen Entscheidungsspielraum hat.

Es wird also die bereits erwähnte Scharnierfunktion der heutigen Kernenergie deutlich: Unter wettbewerbsmäßigen Bedingungen liefert der Leichtwasserreaktor heute Elektrizität und hat das schon, als das Öl noch billig war. Ein vollständiger Ersatz von fossiler Energie z. B. durch Kernenergie erfordert Brüter, Anlagen zur Handhabung des nuklearen Brennstoffes und die Erzeugung eines gasförmigen Energieträgers neben Elektrizität. Alles das ist technisch und wirtschaftlich möglich und leitet zu den längerfristigen Aspekten des Energieproblems über.

Abschließend sei wenigstens in aller Kürze auch die heutige Situation der Nutzung der Sonnenenergie und der Erdwärme charakterisiert.

Daß grundsätzlich Sonnenenergie genutzt werden kann, steht anders als bei der Kernfusion außerhalb jeden Zweifels. Das Hauptproblem sind dabei die Kapitalkosten. Mit heutigen technischen Mitteln ist Sonnenenergie 5mal teurer als ihre Alternativen. Ohne Zweifel lassen sich diese Kosten senken. Es ist noch ganz offen, wie weit sie sich senken lassen. Auf das Problem des erforderlichen Grund und Bodens sowie anderer Rückwirkungen war weiter oben hingewiesen worden. Zu welchen allgemeineren, d. h. nicht technischen Konsequenzen das führt, ist eine weitgehend offene Frage an Sonnenenergie als Systemproblem. In mehr technischer Hinsicht ist es vor allem das Problem der Energiespeicherung im großtechnischen Maßstab, das ausgedehnter Bearbeitung harrt, denn es müssen der Tag/Nacht und der Sommer/Winter Zyklus überbrückt werden. Diese Probleme sind nicht unlösbar, dennoch müssen entsprechende konkrete Lösungen erarbeitet werden. Sie müssen wirtschaftlich akzeptabel und technisch praktikabel sein und sie müssen dann eingeführt werden. Wie oben öfters angeführt, wird das mehrere Jahrzehnte in Anspruch nehmen. Davon unberührt bleibt, daß Nutzung der Sonnenenergie im kleineren Stil, etwa in Sonnenhäusern, eher zustande kommen kann. In dem hier betrachteten Kontext ist aber von Sonnenenergie als Alternative zu den übrigen unbegrenzten Bereitstellungsmöglichkeiten von Energie die Rede.

Die Nutzung der Erdwärme im großen Stil meint Erdwärme und nicht heiße Quellen oder Dampfvorkommen. Deren globale Kapazität ist viel zu begrenzt, als daß sie als Alternativen betrachtet werden könnten. Mit Erdwärme ist die unmittelbare, trockene Erdwärme gemeint. Pro Kilometer Tiefe erhöht sich die Temperatur des Erdreiches um etwa 30° C. Die Aberntung dieses weitgehend einmaligen Wärmevorrates läuft auf eine engmaschige Verrohrung des Erdreiches bis zu Tiefen von einigen Kilometern hinaus. Vorarbeiten zum Studium solcher Möglichkeiten sind vor allem in den USA und Frankreich im Gang. Auch hier sei darauf verwiesen, daß die begrenzte, lokale Nutzung heißer Stellen im Boden hier nicht in Rede steht, da sie keine globale Alternative sein kann.

III. Einwände gegen die Kernenergie

Seit etwa 1967 gibt es Einwände gegen die Kernenergie in großer Zahl, während das vorher nicht der Fall war. Von diesen Einwänden soll hier jetzt die Rede sein. Dazu war es erforderlich, in den beiden vorangegangenen Kapiteln die mittel- und längerfristigen Perspektiven aufzuzeigen, in denen Kernenergie und dann auch die Einwände gegen Kernenergie gesehen werden müssen. Sonst läßt sich nicht verantwortungsvoll Position beziehen.

Es läßt sich eine gewisse zeitliche (und auch geographische) Entwicklung der Einwände gegen die Kernenergie beobachten.

1. Begonnen hat es mit dem Einwand, daß bei dem Betrieb von Kernreaktoren Radioaktivität frei wird. Wie alle Einwände wurde er zuerst in den USA laut und mit entsprechender Zeitverzögerung von europäischen Gruppen übernommen. Ja, beim Betrieb von Kernkraftwerken und anderer kerntechnischer Anlagen wird Radioaktivität frei. Die Frage ist nur: wieviel, und weiter, wieviel ist akzeptabel? In der näheren Umgebung eines Kraftwerkes sind es weniger als 5 mrem/Jahr (milli rem; rem: Röntgen Equivalent Man ist eine gebräuchliche Einheit zur Messung einer Strahlendosis, mrem/Jahr dann zur Messung einer Strahlendosisleistung). Der Pegel der natürlichen Radioaktivität liegt im Mittel bei etwa 120 mrem/Jahr, die Schwankungen um dieses Mittel, die etwa mit der Höhe und der Lage eines Wohnortes einhergehen, bei 50—70 mrem/Jahr. Bei bestimmten Wohnortveränderungen treten also zusätzlich Dosisleistungen von 50—70 mrem/Jahr notwendigerweise auf. Noch nie haben sich von daher

medizinische Folgen nachweisen lassen. Ein Transatlantikflug bringt etwa (einmalig) 5 mrem, eine medizinische Röntgenaufnahme etwa 100 mrem. Die gesetzlichen Regelungen sehen vor, daß man insgesamt unter 150 mrem/Jahr bleibt, bzw. daß man für kerntechnische Zwecke unter 30 mrem/Jahr bleiben soll. Darüber hinaus hat man sich klar zu machen, daß bei der Ermittlung der Belastung großer Bevölkerungsgruppen große Verdünnungsfaktoren in Rechnung zu stellen sind. In den USA ist auf diese Art und Weise für eine volle Kernwirtschaft im Jahre 2000 ein Wert von unter 1 mrem pro Jahr errechnet worden. Mit solchen Maßstäben ausgerüstet erkennt man, daß man somit weit unterhalb auch nur der Schwankungsbreite der ohnehin auf den Menschen zukommenden radioaktiven Strahlung bleibt. — Man hat sich vor allem die Frage nach den Alternativen vor Augen zu halten. Die Verbrennung von fossilen Brennstoffen führt zur Freisetzung von Stickstoffoxyden, Schwefeldioxyd und anderen Schadstoffen bis hin zur Freisetzung der z. B. in Kohle vorhandenen natürlichen Radioaktivität. Bei Zugrundelegung der heute vorhandenen Schadstoffgrenzen ergibt sich eine erdrückende Umweltfreundlichkeit der Kernenergie, wenn man sie mit fossilen Brennstoffen vergleicht (7). Bis zu einem Faktor von tausend ist die Kernenergie umweltfreundlicher. Bei einem Vergleich mit Sonnenenergie wird man zunächst an den Bau und die Bereitstellung der erforderlichen Materialien denken und die damit einhergehende Umweltbelastung mit Schadstoffen betrachten müssen. Es bleibt abzuwarten, was entsprechende Untersuchungen ergeben werden.

In den vergangenen Jahren hat eine Betrachtungsart gelegentliche Aufmerksamkeit gefunden, bei der eine Gesellschaft von zum Beispiel 200 Mio Menschen betrachtet und weiter gefragt wird, wieviel Menschen zu Schaden kommen, wenn die gesetzlichen Richtwerte an *erlaubten* Mengen an Radioaktivität wirklich freigesetzt und davon alle 200 Mio Menschen betroffen werden. Dann kommen rein rechnerisch bei den betrachteten 200 Mio Menschen etwa einige tausend Krankheits- bzw. Todesfälle pro Jahr zustande. Mit derselben Rechnungsart können dann entsprechend die Krankheits- bzw. Todesrate für alle anderen Zivilisationstätigkeiten errechnet werden. Zufolge der Nutzung von Öl und Kohle sind es einige zehntausend pro Jahr, zufolge des Verkehrs noch erheblich mehr Menschen. Darüberhinaus hat man auch zu bedenken, daß in jedem konkreten Fall ein kausaler Zusammenhang nicht herzustellen ist. Die nach Art einer simplifizierenden Rechnung ermittelten Krankheits- und Todesfälle gelten nur statistisch und diese so angegebenen statistischen Raten sind weit unterhalb der Signifikanzschwelle. Mit solcher Art von Betrachtung sind die Namen von Gofman und Tamplin verbunden. Sternglass hat versucht zu zeigen, daß es in der Umgebung von Kraftwerken zu einer statistisch signifikanten Erhöhung der Säuglingssterblichkeit gekommen sei, er ist aber in massiver Weise und mehrmals widerlegt worden.

Wie bei allen heiß geführten öffentlichen Debatten gibt es aber dann doch auch noch eine zweite Seite der Sache: Man hat einzuräumen, daß durch die von Gofman und Tamplin ausgelöste Debatte das Bewußtsein dafür geschärft worden ist, daß in der Tat jede Strahlenbelastung so gering wie möglich zu halten ist.

Zusammenfassend ist festzustellen, daß das Argument der mit dem Betrieb von Kernkraftwerken einhergehenden Strahlenbelastung sich als nicht haltbar erwiesen hat. Es nimmt deshalb nicht Wunder, daß dieses Argument auch mehr und mehr aus den Debatten um die Kernenergie verschwindet.

2. Nach dem Einwand der Strahlenbelastung im Normalbetrieb war es der Einwand, Kernkraftwerke seien nicht sicher, der in den Vordergrund trat. Eine Bemerkung vorab: Jede bisherige Technik hat nach dem Schema von Versuch und Irrtum aus Unfallerfahrung gelernt. Dampfkessel, Autos, Flugzeuge, Elektrizität, Hoch- und Tiefbau sind Beispiele dafür. Bei Kernkraftwerken hat es größere Unfälle mit umfangreicher Schadenswirkung nach außen bisher nicht gegeben. Das gewohnte Schema von Versuch und Irrtum und daraus resultierender Unfallerfahrung war bis zur Stunde nicht anwendbar und soll auch nicht anwendbar bleiben. Diesen prinzipiellen Umstand kann man sich gar nicht oft genug vor Augen führen, denn neben der ganz beträchtlichen positiven Seite, hat er auch die — freilich zu akzeptierende — negative Seite, daß Debatten um solche Unfälle nie schlüssig zu Ende gebracht werden können, *grundsätzlich* haben solche Debatten ein offenes Ende (8).

Kernkraftwerke müssen so gebaut werden, daß sie sicher sind. Neben in der Natur der Sache liegenden Sicherheitseigenschaften, die bei dem Entwurf eines Kernkraftwerkes in den Vordergrund gerückt werden, sind es apparative, ingenieursmäßige Maßnahmen, die die Sicherheit, vor allem die Sicherheit nach außen, gewährleisten. Vor allem ist es das Prinzip des mehrfachen Einschlusses der im Reaktor enthaltenen Radioaktivität: Neben den metallischen Hüllen, die den nuklearen Brennstoff umschließen, gibt es den Stahltank, der seinerseits in meterdicken Betonmauern untergebracht ist, die ihrerseits von einem weiteren Betongebäude umgeben sind.

Das in den öffentlichen Debatten vorgebrachte Argument war immer das: Jede technische Maßnahme kann einmal versagen. Wenn solches Versagen eintritt, ist die ganz große Katastrophe da.

Auf seiten der Kerntechnik hat man sich zu lange dagegen gesträubt, auf diese Argumentation einzugehen. Das war nicht etwa Verstocktheit, sondern lag an der Kluft zwischen hypothetischen Betrachtungen und erfahrbarer Wirklichkeit. Seiner Natur nach neigt der Ingenieur immer sehr stark dazu, sich mit erfahrbarer Wirklichkeit zu befassen. Spät erst ist es deshalb zu der sehr umfangreichen Rasmussen Studie gekommen, die vom Detail ausgehend die Sicherheit eines Leichtwasser-Reaktors im ganzen untersucht (9). Rasmussen ist Professor am berühmten Massachusetts Institute of Technology in den USA und hat mit einer großen Mannschaft über mehr als ein Jahr lang hinweg die nach ihm benannte Studie angefertigt. Diese Studie ist zwar heftig kritisiert worden, jedoch hat es sich erwiesen, daß auch die Einbeziehung dieser Kritik keine entscheidenden Veränderungen an den Ergebnissen erbringt. Eines der Ergebnisse ist, daß mit einer Wahrscheinlichkeit von 10^{-7}/Jahr der Betrieb von 100 Kernkraftwerken einmal zu einem Unfall führt, bei dem einige tausend Menschen ernsthaft zu Schaden kommen. 10^{-7}/Jahr heißt, daß solch ein Unfall im statistischen Mittel einmal in 10 Mio Jahren vorkommen kann. Eine so geringe Unfallwahrscheinlichkeit liegt außerhalb des menschlichen Erfahrungsbereiches. In der Tat, wollte man sich konsequent verhalten, und vergleichbare Risiken auf anderen Gebieten vermindern, so müßte man ebenso Vorsorge dafür treffen, daß vom Himmel fallende Meteore eine Stadt nicht treffen. Oder man müßte Vorsorge dafür treffen, daß Großflugzeuge nicht in vollbesetzte Sportstadien stürzen. Unfälle, bei denen Tausende von Menschen umkommen, sind sehr schwerwiegend, sie sind aber nicht die letzte Katastrophe. Beim Bau und Betrieb von großen Staudämmen etwa werden solche extrem unwahrscheinliche, große Katastrophenmöglichkeiten akzeptiert. Was bei der Debatte um die Kernenergie den Unterschied ausmacht, ist die oft unbewußte Angst, daß der große Reaktorunfall eine Atomexplosion sei. Diese Angst ist nicht nur weitgehend, sondern *grundsätzlich* unbegründet. Kernkraftwerke können nicht wie eine Atombombe explodieren. Wenn auch nur langsam, so doch mehr und mehr wird das verstanden. Es nimmt deshalb nicht Wunder, wenn zumal in den USA dieses Argument gegen die Kernenergie mehr und mehr in den Hintergrund tritt.

3. Vielmehr tritt das Argument in den Vordergrund, daß der Betrieb von Kernreaktoren zu der Notwendigkeit führt, erhebliche Mengen an Radioaktivität bei der Bereitstellung und Aufarbeitung des nuklearen Brennstoffs zu handhaben. Das ist richtig. Das Argument geht weiter und sagt, das könne man de facto nicht. Menschen seien nicht in der Lage, mit großen Mengen gefährlichen Materials, etwa Plutonium, umzugehen.

Bei dem Betrieb von Kernkraftwerken ist dieses Argument nicht von besonderem Gewicht, weil, wie oben erläutert, der Kernbrennstoff mehrfach umschlossen ist. Bei der Fabrikation von frischen Brennelementen, die auf Dauer Plutonium werden enthalten müssen, und bei der chemischen Wiederaufarbeitung, bei der der eigentliche Atommüll vom noch brauchbaren Brennstoff getrennt wird, gilt das Argument der mehrfachen Umhüllung freilich so ohne weiteres nicht. Der Bau der entsprechenden Anlagen zum Umgang mit großen Mengen an Plutonium und sonstigem Atommüll steht aber überall noch bevor. Es sei an die weiter oben gemachten Ausführungen über die scharnierartige Situation der heutigen Kernenergie erinnert. Die wirklich auf dem Tisch liegende Frage ist deshalb die Frage nach den bei dem Bau solcher künftigen Anlagen zu machenden Auflagen. Man kann schließlich wie bei Kernkraftwerken auch mehrfache Umhüllungen vorsehen. Ebenfalls kann man zu der Wahl extremer Standorte kommen. Vor allem wird man das Konzept der Brennstoff-Parks verfolgen müssen, bei dem die entsprechenden Anlagen räumlich zusammengezogen werden. Man hat sich in den nächsten Jahren der Frage zu stellen, welches Ausmaß an technischer Sicherheit als ausreichend anzusehen ist und um wieviel sich der Strompreis entsprechend erhöhen darf (10). Die Problematik des Scharniers zeigt sich dann darin, daß unter Wettbewerbsbedingungen von heute ganz langfristig gültigen Lebensbedingungen von morgen und übermorgen entsprochen werden muß.

4. Eine Sonderstellung in dieser Problematik nimmt das Plutonium ein. Es hängt untrennbar an der Kernspaltung. Pro 1000 MWe und Betriebsjahr werden je nach Reaktortyp nettomäßig 150 bis 250 kg erzeugt. Das führt für eine Region wie etwa Westeuropa für den Fall, daß allein von der Option der Kernspaltung Gebrauch gemacht wird, zur Notwendigkeit, bei der Handhabung des nuklearen Brennstoffes mit einigen tausend Tonnen pro Jahr umzugehen. Auch bei der Einführung des andersartigen aber doch ähnlichen Thoriums als Ausgangsstoff gilt das. An die Stelle des Plutoniums tritt dann das Uran 233, das zu ganz ähnlichen Problemen führt. Es wird die sehr einfache Rechnung aufgestellt, daß einige Tonnen pro Jahr entweichen könnten und daß diese ausreichen würden, die Menschheit zu vergiften, denn die Letaldosis an Plutonium liegt bei 0,4 g. Das ist nur scheinbar so. Zum einen gilt die genannte Letaldosis nur für die metallische Form des Plutoniums, während im kerntechnischen Betrieb Plutonium immer in oxidischer oder nitridischer Form vorkommt. Vor allem aber hat man zu fragen, auf welchem Wege Plutonium in welcher Form in den Körper gelangen kann. Hier gibt es nun erhebliche natürliche Barrieren. Einen Hinweis auf die Intensität solcher Barrieren erhält man, wenn man das verwandte Thorium betrachtet. Es kommt in erheblichen Mengen zumal in bestimmten Teilen der Welt vor. Trotzdem finden sich auch nicht Spuren von Thorium in den Körpern der dort lebenden Menschen. Vergleichsweise möchte man darauf hinweisen, daß die Existenz eines großen, tiefen Meeres eine Sache ist, eine andere Sache ist das darin Untergehen. Konkreter ist darauf hinzuweisen, daß der heute in den Industrieländern stattfindende Umgang mit Giftstoffen, etwa Chlor, gemessen an der jeweiligen Letaldosis, die Plutoniumproblematik erreicht oder übertrifft. Es trifft nicht zu, daß Plutonium der giftigste Stoff ist, mit dem Menschen umgehen. Was trotzdem bleibt, ist eine erhebliche Sorgfaltspflicht (11).

5. Viel ist von Atommüll die Rede. Oft ist davon die Rede, daß er für zehntausende von Jahren ein Problem sei. Das trifft nicht zu, denn die so angesprochenen Actiniden, wie etwa Spuren von Plutonium, werden in großer Verdünnung auftreten, die sinngemäß dann mit ähnlichen natürlichen Vorkommen zu vergleichen sind. Ausführlichere Untersuchungen zeigen, daß der in die Endlagerung gehende Atommüll für etwa 1000 Jahre ein Problem darstellt (12). Das ist schlimm genug und soll nicht bagatellisiert werden. Man hat sich aber vor Augen zu führen, daß 1000 Jahre in geologischen Zeiträumen gerechnet eine kleine Zeit sind. Man kann sich sehr wohl für 1000 Jahre auf die Existenz und die Eigenschaften von z. B. Salzstöcken verlassen. Es geht in Wirklichkeit wieder nicht um die Frage: Endlagerung, ja oder nein, sondern um die im einzelnen zu machenden Auflagen, d. h. um die Fragen: wie sicher ist sicher genug, und: wieviel darf das kosten?

6. Seit den Veröffentlichungen von Taylor und Willrich (13) ist viel von der Gefahr der Entwendung von spaltbarem Material die Rede und von der Gefahr des Baues privater nuklearer Sprengkörper. Das hier in Rede stehende Problem ist bewußt als privater nuklearer Sprengkörper und nicht als Atombombe angesprochen worden, denn es spricht alles dafür, daß es auf privater Basis nur zum Selbstbau eines uneffizienten Sprengkörpers kommen kann, dessen Hauptwirkung in den damit einhergehenden Erpressungsversuchen zu sehen ist. Im Falle der Explosion eines solchen uneffizienten Sprengkörpers kommt es auch nur begrenzt zur Ausschüttung von Radioaktivität (10), es dürften Tausende, jedoch nicht Hunderttausende zu Schaden kommen. Das ist schlimm genug. Wiederum aber gibt es wohl ähnliche Sabotage und Erpressungsmöglichkeiten in unserer zivilisierten, technisierten Welt. Die Kerntechnik führt nicht zu einer neuen Dimension eines solchen Problems, sie macht vielmehr dieses allgemeine Problem besonders deutlich. Erneut stellt sich die Frage, welcher Umfang von Schutzmaßnahmen ausreichend ist. Auch dabei zeigt es sich erneut, daß Kernkraftwerke relativ unempfindlich sind. Empfindlich sind die Anlagen für die Handhabung des nuklearen Brennstoffs. Der Aufbau dieser Anlagen in kommerziell technisch signifikantem Maßstab steht wie gesagt noch bevor. Man kann — bei Aufwendung entsprechender Mittel — hier jedes gewünschte Wahrscheinlichkeitsmaß für Sicherheit einstellen.

7. In der allerletzten Zeit hat sich die Debatte um die Kernenergie noch weiter entwickelt. Es werden nun Kriegszeiten betrachtet. Es ist zuzugeben, daß in Kriegszeiten die Wahrscheinlichkeit für die gewaltsame Freisetzung von Radioaktivität aus Anlagen der friedlichen Nutzung der Kernenergie am größten ist. Relativierend wirkt freilich die in jedem Falle zustande kommende Verbunkerung der Kernenergieanlagen. Sicher ist ein modernes Kernkraftwerk im Hinblick auf die dort enthaltene Radioaktivität ein

massiver Bunker, der so ausgelegt ist, daß er selbst schwere Flugzeug-
abstürze auszuhalten vermag. Gewaltsame Freisetzung von Radioaktivität
erfordert sehr wahrscheinlich gezielte Feindmaßnahmen. Ob das für einen
Angreifer, der die kleinen Länder Mitteleuropas ja auch würde besetzen
wollen, ein sinnvolles Vorgehen ist, muß bezweifelt werden. Wie bei den
übrigen Betrachtungen auch muß hier gefragt werden, was sonst im Falle
eines Krieges in Mitteleuropa geschieht. Es besteht eigentlich Klarheit darüber, daß jeder neue Krieg in Mitteleuropa das weitgehende Ende unserer
Zivilisation, wie wir sie kennen, bedeuten würde, ob mit, ob ohne Kernenergiewirtschaft. Es muß indessen zugegeben werden, daß für eine bessere
und differenziertere Beurteilung des Problems der Kernenergieanlagen in
Krisenzeiten die erforderlichen Analysen und Studien fehlen. Eine Rasmussen-Studie zu diesem Thema gibt es noch nicht.

8. Es gibt noch eine Reihe anderer Einwände gegen Kernkraftwerke, die
sich aber nicht eigentlich auf Kernkraftwerke als Kernkraftwerke beziehen.
Zum Beispiel heißt es, Kernkraftwerke würden Flüsse aufheizen. Jedes
großes Kraftwerk tut das, ob Kernkraftwerk, ölgefeuertes oder kohle-
gefeuertes Kraftwerk. Kernkraftwerke sind als erste in großen Einheiten
gebaut worden, da Kernkraftwerke die modernsten und die billigsten
Kraftwerke sind. Insoweit haben sie die Aufmerksamkeit bei dieser Frage
als erste auf sich gezogen. Falls man das möchte, kann man durch das
Aufbringen zusätzlicher Kapitalkosten und Herabsetzen des Wirkungsgrades (Kühltürme) die Aufwärmung von Flüssen vermeiden. Frage: Um
wieviel darf der Strom teurer werden, damit die Flüsse kalt bleiben können. Ein anderer Einwand bezieht sich auf die Folgeerscheinungen der Bereitstellung von Energie, wie etwa Industrieansiedlungen, Wachstum von
Städten, Aufgabe von Naturlandschaften. Dieses Problem ist schwerwiegend und legitim, stellt aber eine Rückfrage an unsere Zivilisationsformen
im allgemeinen dar und nicht an die Kernenergie als solche. Auch die Frage
der regionalen Wetterbeeinflussung durch Kühlturmfahnen bezieht sich
nicht auf die Kernenergie als solche.

IV. Zusammenfassung

1. Kernenergie ist ursprünglich aus dem Wunsch nach technologischer
   Innovation entwickelt worden. In ihrer heutigen Form bezieht sie sich
   auf Elektrizitätserzeugung und hatte schon vor der Ölkrise die Kon-
   kurrenzfähigkeit, das heißt die Wirtschaftlichkeit, erreicht.

2. Andererseits bietet Kernenergie die schon heute technisch gesicherte
   Möglichkeit unbegrenzte Mengen an Energie bereitzustellen. Verwen-

dung der Kernenergie im großen Stil erlaubt es deshalb, eines der großen Versorgungsprobleme der nächsten Jahrzehnte zu lösen. Insoweit ist Kernenergie ein Vorläufer des großen auf Versorgung gerichteten Technologien von morgen.

3. Aus 1. und 2. ergibt sich, daß die heutige Kernenergie eine Scharnierfunktion hat: Sie verbindet heutige durch Konkurrenz geprägte Wirtschaftsbedingungen mit den langfristigen Bedingungen, die durch gesicherte Versorgung in einer enger werdenden Welt zustande kommen werden. Bei einer Beurteilung der Kernenergie hat man sich das vor Augen zu halten.

4. Kernenergie hat ihre Kosten. Neben den monetären Kosten sind es vor allem soziale Kosten, d. h. Anstrengungen, die die Gesellschaft im Umgang mit der Kernenergie auf sich zu nehmen hat. Dabei ist als erstes die Sorgfaltspflicht zu nennen, die der Umgang mit großen Mengen an Radioaktivität mit sich bringt. Ebenso sind aber Effekte wie eine bestimmte Preissetzung von Radioaktivität und gewisse Restrisiken als Umweltkosten und soziale Kosten zu verrechnen. Sie können umso geringer sein, je mehr Kernenergie monetär kosten darf.

5. Der empfindliche Teil der Kernenergie liegt bei den Anlagen zur Handhabung des nuklearen Brennstoffes, nicht bei den Kernkraftwerken, die relativ unproblematisch sind. Anlagen zur Handhabung des nuklearen Brennstoffes im großtechnischen Maßstab sind erst in den nächsten zehn Jahren zu erstellen. Jeder für erforderlich gehaltene Grad an Sorgfalt kann noch vorgesehen werden, wenn die entsprechenden Kosten aufgebracht werden.

6. Jedwede Kosten der Kernenergie lassen sich nicht absolut sondern allein im Vergleich zu Alternativen beurteilen (14).

7. Auf kurz und mittelfristige Sicht ist es die Kohle, die als Alternative zu betrachten ist, auf mittel- und langfristige Sicht sind es in erster Linie die Kohle und die Sonnenenergie. Gegebenenfalls kommen auf langfristige Sicht Kernfusion und Erdwärme hinzu.

8. Bei dem Vergleich solcher Alternativen hat man sich vor allem zwei Dinge vor Augen zu halten:

— Den Zeitbedarf für die Entwicklung und Einführung einer Alternative. Immer zählt er nach Jahrzehnten.

— Den Kapitalbedarf für die Einführung einer Alternative.

Heute kostet Sonnenenergie noch das 5fache und mehr der Kernenergie. Sollte die Sonnenenergie soweit entwickelt werden, daß sie z. B. nur noch das Doppelte der Kernenergie kostet, so wird dann auch die Frage zu stellen sein, wie klein die mit der Nutzung der Kernenergie verbundenen sozialen Kosten gemacht werden können, wenn Kernenergie das Doppelte der heutigen monetären Kosten mit sich bringen darf.

9. Energiesparmaßnahmen sind in jedem Falle notwendig, vor allem kürzerfristig. Jedoch besteht ihr Haupteffekt darin, daß sie Zeit einkaufen. Das ist dann ihr Vorteil, wenn man diese so gewonnene Zeit auch wirklich nutzt.

10. Die Entwicklung der Kerntechnik hat bis jetzt mindestens zwanzig Jahre in Anspruch genommen und wird weitere 20 bis 30 Jahre in Anspruch nehmen, bevor sie auch nur einen signifikanten Anteil der Primärenergie (etwa 25 Prozent) ausmachen kann. Von einer überstürzten Einführung der Kernenergie kann deswegen keine Rede sein. Den Zeitbedarf für Entwicklung und Einführung hat sie mit anderen neuen Technologien gemeinsam.

V. Empfehlungen

Der Autor gibt als Person folgende Empfehlungen:

1. Man fahre mit dem Bau von Kernkraftwerken fort. Kernkraftwerke sind nicht eigentlich sensitive Anlagen, sie sind robust. Bei der Standortwahl lasse man stärker als früher Gesichtspunkte zu, die sich auf Fragen des Wasserbedarfs, Fragen der Wassererwärmung sowie Fragen beziehen, die mit der bei der Bereitstellung von großen Mengen an Energie einhergehenden Beeinflussung der Raumordnung zusammenhängen. Alle Kosten, monetäre und nicht monetäre Kosten sind ausgewogen zu betrachten.

2. Bei der Erstellung der Anlagen, die der Handhabung des nuklearen Brennstoffes dienen, mache man sich mit der Nutzung der Kernenergie einhergehende besondere Sorgfaltspflicht klar, denn die Anlagen zur Handhabung des nuklearen Brennstoffes sind sensitive Anlagen. Konkret gesprochen bedeutet das, daß festzulegen ist, inwieweit Marktmechanismen, die dabei als akzeptierbar bzw. erforderlich anzusehenden Kosten bestimmen dürfen und inwieweit die öffentliche Hand darüberhinaus gehalten ist, durch Übernahme von Kosten, die als Entsorgungskosten zu gelten haben, hier korrigierend zu wirken. Das mag weitreichende institutionelle Konsequenzen haben, vor denen man nicht zurückscheuen sollte. Kurz gesagt: Man hat die Fragen zu beantworten: Wie sicher ist sicher genug, was darf die Sicherheit kosten und

wer beantwortet diese Fragen? Solche Entsorgungskosten und institutionellen Konsequenzen sind nicht zuletzt vor dem Hintergrund der mittel- und langfristigen Problematik der Versorgung mit großen, gesicherten Mengen an Energie zu sehen, das heißt vor dem Hintergrund der kommenden Jahrzehnte.

3. Bei der Erstellung der Anlagen, die der Handhabung des nuklearen Brennstoffes dienen, sollte man soweit wie irgend möglich zu räumlichen Konzentrationen, d. h. zum Konzept der Brennstoff-Parks kommen. Seiner Natur nach führt das zu überregionalen Lösungen. Ein Land wie Österreich sollte sich an solchen überregionalen Lösungen in jeder Weise angemessen beteiligen, d. h. durch mehr als die Übernahme nur monetärer Kostenanteile.

4. Man soll soweit wie möglich Energie sparen. Das ist direkt, sowie durch Entwicklung und Einführung geeigneter Techniken bei entsprechender Entschlossenheit möglich.

5. Die Empfehlungen 2. und 3. bedeuten, daß man in räumlicher Hinsicht bei der Einführung der Kernenergie vorsichtig verfährt und sich somit soweit wie möglich Handlungsmöglichkeiten offen hält. Die Empfehlung 4. verfolgt die Absicht, sich in zeitlicher Hinsicht Handlungsmöglichkeiten offen zu lassen. So gewonnene Handlungsmöglichkeiten sollten für die Analyse und geeignete Entwicklung von Alternativen zur Kernenergie genutzt werden. In erster Linie ist dabei an neue Techniken zur Gewinnung und Verarbeitung von Kohle sowie an Sonnenenergie zu denken. Dazu werden Jahrzehnte erforderlich sein. Während dieser Zeit sollte man fortgesetzt die gangbaren Alternativen analysieren und vergleichen und eine langfristige Energieplanung fortgesetzt den Ergebnissen solcher Analysen und Vergleiche im Rahmen des Möglichen anpassen.

6. Man setze sich mit der Erwartung auseinander, daß nur ein Miteinander von Kohle, Kernenergie und gegebenenfalls Sonnenenergie das Energieproblem für Europa längerfristig zu lösen in der Lage sein dürfte. Eine entsprechende Integration dieser drei Primärenergiequellen und auch noch andere Gesichtspunkte erfordern ein modernes Sekundärenergienetz. Neben dem weiträumigen Transport von Elektrizität im Gigawatt-Maßstab erfordert das die analoge Handhabung eines vor allem gasförmigen Sekundärenergieträgers. Vergaste Kohle und später Wasserstoff sind hier die Hauptkombination für den Aufbau eines neben das Elektrizitätsnetz tretenden weiträumigen Gasnetzes (4). Bei langfristigen Planungen der Raumordnung sowie technischer Forschungs- und Entwicklungsmittel ist dem entsprechend Rechnung zu tragen (15).

VI. Schlußbemerkung

Die hier angestellten Überlegungen sind weitgehend qualitativ und verbal
dargestellt worden. Sie gehen aber weitgehend auf quantitative Systemanalyse zurück. Auf diese ist im Text zum Teil verwiesen worden. Sie sind
als Teil dieser Ausführung anzusehen.

August 1975

Literaturverzeichnis

(1) A. Khene: Vortrag „Aktuelle Ölprobleme aus der Sicht der OPEC"
im Gesprächskreis Wirtschaft und Politik der Friedrich-Ebert-Stiftung,
28. September 1973. Veröffentlicht in „Vierteljahresbericht Nr. 55:
Probleme der Entwicklungsländer", Bonn-Bad Godesberg, Forschungs-
institut der Friedrich-Ebert-Stiftung, März 1974.

(2) M. K. Hubbert: „The Energy Resources of the Earth", Scientific
American, Volume 225, Number 3, September 1971.

(3) — World Energy Conference: Survey of Energy Resources, 1974,
— OECD, Nuclear Energy Agency and IAEA: Uranium-Resources,
Production, Demand, August 1973.

(4) W. Häfele, W. Sassin: „Applications of Nuclear Power Other Than
for Electricity Generation", European Nuclear Conference, Paris,
April 1975.

(5) C. Marchetti: „Primary Energy Substitution Models: On the Inter-
action between Energy and Society", IIASA Laxenburg, WP-75-88,
1975.

(6) W. Häfele, A. S. Manne: „Strategies for a Transition from Fossil to
Nuclear Fuels", Energy Policy, March 1974 and IIASA, Laxenburg,
RR-74-7, 1974.

(7) H. Büker u. a.: „Kernenergie und Umwelt", Teil IV der Studien-
reihe „Technischer und wirtschaftlicher Stand der Kernenergie in der
Kraftwirtschaft der Bundesrepublik Deutschland", Jül-929-HT-WT,
März 1973.

(8) W. Häfele: „Hypotheticality and the New Challenges: The Path-
finder Role of Nuclear Energy", Minerva 10 (1974) 3, pp. 303—322.

(9) Reactor Safety Study: „An Assessment of Accident Risks in U. S. Commercial Nuclear Power Plants", U. S. Atomic Energy Comission, August 1974, WASH-1400.

(10) R. Avenhaus, W. Häfele, P. McGrath: „Considerations on the Large Scale Development of the Nuclear Fuel Cycle", Laxenburg, Austria, wird veröffentlicht 1975.
1975.

(11) W. Stoll: „Gibt es ein Plutonium-Problem", Vortrag anläßlich der Reaktortagung Nürnberg, April 1975.

(12) P. McGrath: „Radioactive Waste Management: Potentials and Hazards from a Risk Point of View", KfK 1992, Juni 1974.

(13) M. Willrich, T. B. Taylor: „Nuclear Theft: Risk and Safeguards, Ballinger Publishing Company, Cambridge, Mass. 1974.

(14) W. Häfele: „Kernenergie und ihre Alternativen", Reaktortagung Nürnberg, April 1975, wird in Atomwirtschaft veröffentlicht werden.

(15) W. Häfele: „Future Energy Resources", IIASA RR-74-20, 1974.

Kernenergie für Österreich?

Beurteilung aus umweltwissenschaftlicher Sicht

B. Lötsch

I. Energiepolitische Überlegungen

Österreich deckt seinen Strombedarf derzeit zu ca. zwei Drittel aus Wasserkraft, den Rest aus konventionellen Wärmekraftwerken. Es hat — selbst unter Berücksichtigung von Naturschutzüberlegungen — noch einige, für Laufkraftwerke nutzbare Flußstrecken. Die Stromerzeugung aus fossilen Brennstoffen (besonders Kohle) wird auch in den kommenden Jahrzehnten möglich sein, wobei gerade für Kohle umweltfreundliche Technologien in greifbare Nähe gerückt sind (Verflüssigung, Vergasung, Abgasreinigung etc.).

Weiters gibt es Anzeichen für Wachstumsabschwächungen und Sättigungsphänomene in vielen Bereichen, die auch zu einem Zurückbleiben des Stromverbrauchs hinter die Wachstumserwartungen geführt haben.

Der Bau von Kernkraftwerken sollte für Österreich daher keine vordringliche Aufgabenstellung sein.

Unter der — recht gewagten — Annahme jedoch, daß der steile Verbrauchsanstieg der letzten zwei bis drei Jahrzehnte (der durch die industrielle Expansion und — in geringerem Maße — durch den Nachholbedarf der Haushalte bedingt war) *auch in den kommenden Jahrzehnten* unvermindert fortgesetzt werden könne, schiene eine Heranziehung der Atomenergie notwendig. Infolge der, herkömmlichen Kraftwerke um ein Mehrfaches übertreffenden Blockgröße nuklearer Anlagen (im 1000-Megawatt-Bereich) würde die Inbetriebnahme selbst von nur zwei Kernkraftwerken einen überdimensionierten Energiestoß für unser Netz bedeuten, der neben verbundtechnischen Problemen einschließlich der Errichtung aufwendiger

Kompensationskraftwerke zugleich auch unsere Wirtschaftspolitik in eine
ökologisch (= langzeitökonomisch) bedenkliche Richtung lenken müßte.
Ein österreichisches Atomenergieprogramm ließe die Neuschaffung energie-
und rohstoffintensiver Industrien als zwingende Folge erscheinen, denn nur
Großabnehmer dieser Art könnten die Produktion solch abundanter Strom-
mengen rechtfertigen. („Wir bauen Kernkraftwerke für Industrien, die es
noch nicht gibt").

Nun ist in letzter Zeit eine Industrialisierungspolitik dieses Typs fragwür-
dig geworden, seit man erkannt hat, daß die so geschaffenen Arbeitsplätze
wegen des hohen Automatisierungsgrades dieser Industrien in ihrer Zahl
sehr begrenzt sind, im Verhältnis dazu aber einen enormen Kapitalauf-
wand, Energiekonsum und technischen Umweltverbrauch bedingen. Wegen
der sich verschlechternden Absatzlage (z. B. auf dem Stahlsektor) drohen
sie überdies, mit jedem Jahr krisenanfälliger zu werden.

Mit den zahlreichen Forderungen des Umweltschutzes, oder gar nach einer
„Humanisierung der Arbeitswelt" dürfte diese Entwicklung ebenfalls nicht
in Einklang zu bringen sein.

Für die von der Energiewirtschaft dogmatisch vorgetragene These, steigender Stromverbrauch werde auch *in Zukunft* Arbeitsplätze „sichern", fehlt
jeder Beweis. Jüngste Beobachtungen weisen eher auf das Gegenteil, da es
sich vielfach um das „Hinausrationalisieren" von Arbeitskräften durch
technischen Energieeinsatz handelt.

Es galt in den letzten Jahrzehnten als Inbegriff betriebswirtschaftlichen
Erfolges, jedes Jahr noch mehr Produktausstoß mit noch weniger Arbeitskräften zu erzielen. Die dabei erzeugten Arbeitslosen wurden nicht sicht-
bar, da der gesamtindustrielle Komplex expandierte. Diese Entwicklung
stößt nun an Grenzen: Absatzschwierigkeiten, Kapitalerfordernis, Umweltbelastung und Rohstoffverknappung.

Aus ähnlichen Überlegungen geht man heute dazu über, energieaufwendige
und umweltbelastende Großprojekte auf ihren volkswirtschaftlichen und
arbeitsplatzsichernden Gesamteffekt hin kritisch zu überprüfen. Als posi-
tive Beispiele können die jüngsten Entscheidungen *gegen* die Errichtung
der zweiten Elektrolyse in Ranshofen und *gegen* den Baubeginn des Kern-
kraftwerks Stein-St. Pantaleon hervorgehoben werden.

Einer dringenden Überprüfung dieser Art bedürfte auch die Industrie-
planung im Raum Enns — Linz: *Man schafft Arbeitsplätze für einige
Tausend* (von denen man noch nicht weiß, woher sie kommen sollen —

aus dem Ausland? — oder aus der Landwirtschaft, die durch Arbeitskräfteschwund zu ökologisch wie ernährungsphysiologisch immer bedenklicher werdenden Produktionsmethoden gezwungen wird?) *und verschlechtert damit die Lebensbedingungen für einige Hunderttausend* — wobei die Umweltverschlechterung nachweislich die sozial Schwachen am härtesten trifft.

Die soziale Komponente der Umweltproblematik, besonders in Ballungsräumen, ergibt sich z. B. aus der eingeschränkten Möglichkeit sozial Schwacher zum Wohnungswechsel, die daher keine Ausweichmöglichkeiten gegenüber Gesundheitsbeeinträchtigungen haben. „Die Reichen wohnen, wo sie wollen, die Armen wohnen, wo sie müssen". Auf dieser Ebene liegt auch der Verlust an *kostenlosen* Naherholungsmöglichkeiten durch technischen Landschaftsverbrauch, die Dehumanisation von Stadtvierteln durch Industrie- und Verkehrsbauwerke, sowie die allgemeine *Gesamtverschlechterung der Lebensbedingungen trotz materieller Zugeständnisse.*

Arbeitsplatzsicherung erfordert neue Strategien:

Unter Berücksichtigung ökologischer Belastungsgrenzen und der Wirtschaftslage der Industrieländer kommen weitblickende Ökonomen und Gesellschaftspolitiker zunehmend zu der Erkenntnis, daß steigender technischer Energieumsatz kein Garant für Vollbeschäftigung mehr sein kann.

Statt eines Beharrens auf herkömmlichen Wachstumsideologien müßten alle Möglichkeiten zur umweltfreundlichen, energie- und rohstoffsparenden *Arbeitsbeschaffung* und Arbeitsplatzsicherung geprüft und ausgeschöpft werden. Sie verlangen daher die *vorrangige Förderung* von Produktionssektoren und Dienstleistungen, die einen *hohen Arbeitskräftebedarf* mit *minimaler Umweltbelastung* oder sogar *Umweltsanierung* verbinden und empfehlen diese Maßstäbe als Förderungskriterien durch die öffentliche Hand!

Beispiele: Umlenkung von Kapazitäten der Bauwirtschaft, von Straßenbau und denaturierendem Flußbau auf qualitätsorientierte Maßnahmen wie Altstadtsanierung und -revitalisierung, Kläranlagenbau, naturnaher Wasserbau, Ausbau umweltfreundlicher Verkehrsformen, Schaffung von Marktvorteilen für giftfreie Stadtfahrzeuge aus heimischer Produktion (etwa durch selektive Verbote für konventionelle Antriebe in bestimmten Stadtbereichen), Intensivierung der städtischen Grünraumgestaltung und der Landschaftspflege.

Förderung ökologisch eingepaßter Landwirtschaftsformen, die bei entsprechender materieller und ideeller Honorierung durch die Gesellschaft eine erhöhte *Arbeitskräftebindung* im Agrarbereich garantieren (200.000 bis 300.000 *potentielle* Landflüchter bis 1985, die — sollte nichts dagegen getan werden — zu Konkurrenten um immer rarere Industriearbeitsplätze würden),

Förderung von Kleintechnologien, z. B. von Anlagen zur Sonnenwärmenutzung für die Warmwasserbereitung in ländlichen Gebieten etc.

Nach Aussagen internationaler Gremien wird es in Zukunft für die Industrieländer darauf ankommen, Maßnahmen zu setzen, um den *pro Energieeinheit erzielbaren Wohlstand* zu maximieren.

Dazu gehört auch die Schaffung wirtschaftlicher Anreize zur Effizienzsteigerung des Energieumsatzes, besonders bei Großverbrauchern (Tarif- und Steuerpolitik u. dgl.)

Es ist wirtschaftlich und ökologisch nicht länger vertretbar, den Versorgungsauftrag der E-Wirtschaft ausschließlich als Auftrag zur Mehrproduktion von Strom zu verstehen. Dem Versorgungsauftrag könnte ebenso durch Erarbeitung und Popularisierung von Sparstrategien gedient werden. Öffentliche Devisen in diesem Sinne wären: „Sparen ohne Verzicht", „Erhöhung des Nutzeffektes um einige Prozent erspart den Bau ganzer Kraftwerke".

Die „Europäische Wirtschaftskommission" stellte Oktober 1975 Österreich wegen seiner mangelnden Anstrengungen zum Energiesparen in einer Liste von 17 Nationen an die letzte Stelle.

Statt Sparstrategien zu propagieren, wirbt der Verbundkonzern mit teuren Großplakataktionen für sein — auf weitere Energieverschwendung dimensioniertes — Ausbauprogramm.

Dies ist deshalb so bedenklich,

— da es sich bei solchen Werbeaktionen um den Mißbrauch öffentlicher Gelder handelt,

— weil von Energie-Sparanreizen neue technologische und wirtschaftliche Impulse ausgehen könnten (Trendänderung als Wirtschaftsbelebung, Schaffung eines Bedarfs für neue Produkte und Anlagen).

Solche — vom Standpunkt des Umweltschutzes dringend notwendige — Änderungen der Verbraucherstruktur sind jedoch nicht durchsetzbar, wenn auf der Angebotsseite keine Limitierung spürbar wird.

Die derzeitige Gesetzeslage macht eine Regulation über das Angebot sogar unmöglich, indem sie uneingeschränkte Bedarfsdeckung fordert.

Bei genauerer Prüfung der Bedarfsentwicklung erweist sich schließlich, daß die von Kraftwerksbetreibern mit der „Kienspandrohung" vorgetragene Alternative — *entweder noch mehr Strom, oder nie mehr Strom* — sach-

lich völlig unrichtig ist (Plakatslogan „Für Ihre helle Welt ...") (Vgl. auch
Äußerungen des Generaldirektors der Internationalen Atomenergiebehörde,
Sigvard Eklund, vom 18. Juli 1975: „Ohne Atomstrom gehen die Lichter
aus", Interview für „Die Presse"). In einer Flugblattaktion fordert der
Verband der E-Werke Österreichs, daß Kraftwerksgegner sich „sofort und
für immer" den Strom in ihrer Wohnung absperren lassen sollen.

Der Haushaltssektor verbraucht nur rund ein Viertel bis ein Fünftel des
Inlandstromes, *Beleuchtung und Haushaltskleingeräte haben in den letzten
10 Jahren überhaupt keinen Verbrauchszuwachs mehr verursacht.*

Die Haushaltsgeräte können — beim bereits erreichten Elektrifizierungs-
grad und der stagnierenden Bevölkerungsentwicklung unter Berücksichtigung des Nachholbedarfes der sozial Schwächeren überhaupt nur mehr rund
+ 10 bis 20 Prozent unseres Inlandstromverbrauches aufnehmen. Es bleibt
unerfindlich, womit die „elektrische Zwangsbeglückung" mit einer Ver-
vierfachung des Stromverbrauches (!) in den nächsten 20 Jahren zu rechtfertigen ist.

Bei einer unkritischen Verlängerung vergangener Steigerungsraten in die
Zukunft ist zu berücksichtigen, daß der Strompreis zwischen 1953 bis 1973
numerisch konstant blieb, während sich die übrigen Lebenshaltungskosten
etwa verdoppelt haben, was einer laufenden Verbilligung der Elektrizität
entsprach. Dies auch für die weitere Zukunft anzunehmen, ist unrealistisch.

Die Verbrauchssteigerung blieb im letzten Jahr bereits deutlich hinter den
prognostizierten + 7 Prozent per anno zurück, sie blieb unter 2 Prozent
und betrug für die ersten 6 Monate 1975 nach der vorläufigen Mitteilung
des Bundeslastverteilers gegenüber dem Vergleichszeitraum des Vorjahres
sogar nur + 0,5 Prozent.

Mittlerweile liegt auch der Vergleichswert über 3 Quartale vor, aus dem
sich gegenüber dem Vergleichszeitraum des Vorjahres sogar ein *Minder-
verbrauch (!)* von 0,6 Prozent ergibt. Damit dürfte der bisherige Erklä-
rungsversuch „milder Winter 1974" nicht mehr aufrecht zu erhalten sein.

Die vom Umweltschutz seit langem geforderte Stabilisierung des Stromverbrauchs — die stets mit der Begründung abgelehnt wurde, die Wirtschaft
würde dadurch zusammenbrechen — ist nun von selbst eingetreten (offenbar auf Grund systeminherenter Wachstumsgrenzen).

Ein planvolles Vorgehen in dieser Richtung hätte etwaige Härten noch
weitergehend vermeiden lassen — aber selbst die ungeplante Verbrauchs-

stabilisierung ist offenbar ohne Wirtschaftskatastrophen einhergegangen. Sie sollte als *Denkpause in der Energiefrage* genützt werden, um Strukturverbesserungen und *Wachstumsverlagerungen* innerhalb eines im ganzen zu stabilisierenden Systems anzustreben, *statt ein krisenanfälliges System durch hektische Ankurbelungsversuche weiter aufzublähen.*

Auf Grund einfacher aber gut begründeter Schätzungen des Instituts für Gesellschaftspolitik könnten selbst jährliche Steigerungsraten im Stromverbrauch um + 2 Prozent auf absehbare Zeit ohne Kernenergie abgedeckt werden.

Finanzielle Zwangssituationen, die eine weiter forcierte Expansion unserer Elektrizitätserzeugung mit sich brächte (165 Milliarden Schilling bis 1985 — größtenteils vom ausländischen Kapitalmarkt) könnten durch Nutzung dieser Trendänderung wesentlich entschärft werden.

Zu fordern wäre auch eine Aufklärung der Bevölkerung darüber, daß Kernkraftwerke *keine Alternative zur Zerstörung des Alpenraumes mit Speicherkraftwerken darstellen.* Gerade Kernkraftwerke verlangen, da sie für das österreichische Verbundnetz überdimensioniert sind, *aufwendige Kompensationskraftwerke für kurzfristige Leistungsspitzen und Ausfälle* (und thermische Reservekraftwerke für den längerfristigen Ersatzbetrieb).

Der Sachzwang zur Verbauung des Maltatales (890 MW) ist durch das Kernkraftwerk Zwentendorf geschaffen worden.

Der unmittelbare Sachzwang zum Bau des Großspeichers Osttirol bestünde nur für den Fall, daß das Kernkraftwerk Stein-St. Pantaleon gebaut wird (1300 MW).

Die notwendigen verbundtechnischen Begleitmaßnahmen, die durch die Situation Österreichs besonders aufwendig sind, belasten den Atomstrom mit erheblichen Zusatzkosten, die in der Diskussion kaum beachtet werden.[1]

Zu der Behauptung, Atomstrom sei wirtschaftlich und würde unsere Auslandsabhängigkeit (Öllieferländer) verringern, stellen sich folgende Fragen:

a) Wie ist die weitere Preisentwicklung bei dieser monopolisierbaren Energiequelle?

---

[1] Seit diese innerösterreichischen Kompensationsplanungen von Vertretern des Umweltschutzes als weiteres Argument gegen die „Umweltfreundlichkeit" von Kernkraftwerken in die Debatte geworfen wurden, betonen Energiewirtschaftler neuerdings die Möglichkeit, Kompensation und Ausfallhaftung auch durch Auslandsverträge sichern zu können. Abgesehen von verbundtechnischen Problemen beim schlagartigen Ersatz solcher Blockleistungen auf diesem Wege würde dies eine weitere — erhebliche — Vergrößerung der Auslandsabhängigkeit im Gefolge von Kernkraftwerksbauten mit sich bringen.

Vergleiche mit dem Öl sind angebracht: Nach einer Einführungsphase
mit niedrigen Preisen zur Markteroberung und Erzeugung von Abhängigkeiten werden die Preise bis zur Belastbarkeitsgrenze der Abnehmer
angehoben, wobei die *tatsächlichen* Gestehungskosten kaum mehr eine
Rolle spielen. Interessant in diesem Zusammenhang ist die Tatsache,
daß sich multinationale Ölkonzerne bereits in das Kernenergiegeschäft
eingekauft haben. Eine obere Grenze der Preisentwicklung für Atomstrom dürfte lediglich durch den künftigen Öl- und Kohlepreis gegeben
sein.

b) Wodurch ist es gerechtfertigt, von der Billigkeit des Atomstroms zu
sprechen,

— wenn man derzeit nicht einmal eine befriedigende Methode der Ab-
fallbehandlung hat, geschweige denn ihre Kosten kennt,

— wenn man derzeit nur sicher weiß, daß dabei Jahrtausende wäh-
rende Sachzwänge geschaffen werden (Müllüberwachung: Was berechtigt dazu, für einen *Energieverbrauch heute*, kommenden Gesell-
schaften die Lasten aufzubürden?),

— wenn man weiters derzeit anzunehmen hat, daß sich der Anlagenbau
und das fuel-management durch verschärfte Sicherheitsauflagen er-
heblich verteuern müssen? (Vgl. diesbezügliche Aussagen von Dan
Ford, Carl J. Hocevar und das schriftliche Statement von George
Wald anläßlich des „Kernenergie und Umwelt"-Symposiums, Wien,
August 1975.)

Welche volkswirtschaftlichen Nachteile könnten sich für Österreich durch
die mit der Kernenergie verbundenen neuen Auslandsabhängigkeiten er-
geben?
(Abhängigkeiten von
— Uranlieferländern
— Anreicherungsmonopolen
— ausländische Zulieferindustrie für KKW-Bau
— Aufarbeitungsindustrie
— Lagerungsstätten für radioaktiven Abfall.)

Wie ist aus dieser Sicht die Erklärung des Generaldirektors des Verbund-
konzernes zu deuten, wonach Kernenergie ein Weg sei, Auslandsabhängigkeiten abzubauen? (Vgl. Erbacher, W. 1975. Gemeinwirtschaft 1/75, S. 23).

Sollte sich in ein bis zwei Jahrzehnten wider Erwarten herausstellen, daß
wir auf den Atomstrom in Österreich doch nicht verzichten können, wäre

es vermutlich klüger, den Strom zu importieren, da wir andernfalls fast alles zu seiner Erzeugung Notwendige ohnehin importieren und mit Devisen bezahlen müßten. (*„Das einzig Inländische am Atomstrom ist das Risiko.“*) Schließlich ist der Zeitpunkt abzusehen, zu dem die Widerstände im Ausland so groß werden, daß wir zur Rücknahme des hochradioaktiven und hochradiotoxischen Atommülls verpflichtet werden. Dazu der englische Politologe Prof. Dr. Gutteridge während des Pugwash Symposiums, April 1975, in Budapest: Die englische Öffentlichkeit sei ein „schlafender Riese“, dem man lange Zeit verschwiegen habe, daß die Britische Insel zum „radioactive dump-hole of Europe“ gemacht werden solle).

Laut Umfrageergebnisse in Österreich wird selbst von Kernenergie-*Befürwortern* die vorschriftsmäßige Deponie radioaktiver Abfälle in ihrer Nachbarschaft abgelehnt.

Zusammenfassung der energiepolitischen Überlegungen

Die vorhandenen Wasser- und Fossilkraftwerke ermöglichen unserer Bevölkerung bereits jetzt ein hochzivilisiertes und auch *noch* kultiviertes Dasein. Reserven sind noch vorhanden.

Mit einem Drittel des amerikanischen Pro-Kopf-Energieverbrauches wird der Österreicher vom Amerikaner heute bereits um seine Lebensqualität beneidet.[1]

Die früher enge Koppelung von Energiewachstum und Wohlstand beginnt sich in den Industriestaaten nach Überschreiten eines Optimalpunktes — der

---

[1] Prof. J. P. Holdren vom „Energy and Resources Project“ der University of Berkeley, California, hat wiederholt die progressive Auseinanderentwicklung von „materiellem Standard“ und „Lebensqualität“ bei weiter steigendem Energiekonsum und technischem Umweltverbrauch in Industrieländern aufgezeigt. Auf einer Pressekonferenz in Wien, August 1975, nannte er darüberhinaus Beispiele für Länder, die trotz geringerem Pro-Kopf-Energieverbrauch bereits einen höheren materiellen Standard als die USA erreicht hätten (Schweiz, Schweden, Dänemark). Zum Vergleich Österreich — USA stellte er fest, daß er, obwohl durch zahlreiche längere Studienaufenthalte bei österreichischen Familien ein Recht guter Kenner des „Austrian way of life“ — es vermeide, Österreich Ratschläge zu erteilen. Sicher sei jedoch, daß die Amerikaner mit dem 3fachen Pro-Kopf-Energieverbrauch auch materiell keinesfalls dreimal so gut lebten wie die Österreicher und daß der Vergleich der „Lebensqualitäten“ heute bereits zugunsten Österreichs ausfallen müsse — eine Feststellung, die sich auch mit dem pointierten Ausspruch des amerikanischen Wissenschaftlers Dr. G. Weingart (dzt. IIASA) deckt: „Coming to Austria, my energy consumption has dropped to one third — but my life quality has increased remarkably“.

in Österreich erreicht sein dürfte — ins Gegenteil zu verkehren. Die progressive Überindustrialisierung hat in weiter vorgeschrittenen Ländern bereits zu ökonomischen und ökologischen Krisen geführt, wobei weitersteigender Energieverbrauch dort sogar von sinkenden Beschäftigungszahlen begleitet ist (BRD, England etc.).

Bevor man also das Schlagwort übernimmt, Österreich dürfe sich im internationalen Wettlauf nicht überrunden lassen, ist die Frage berechtigt *wohin* dieser Wettlauf überhaupt führt. Auf einem *Wettlauf in die Krise kann man sich getrost überholen lassen.*

II. Überlegungen zum Langzeitrisiko der Kernenergie

Die Problematik einer künstlichen Erhöhung der Strahlenbelastung großer Bevölkerungsteile wird unter dem Gesichtspunkt behandelt, daß die von Vertretern der Kernindustrie ins Treffen geführte minimale Pegelerhöhung um 1 Prozent längerfristig nicht garantiert werden kann. Andernfalls hätte das vielzitierte 1 mrem pro Jahr längst zum gesetzlichen Strahlenschutzlimit werden müssen (was eine notwendige — wenn auch nicht hinreichende — Voraussetzung für seine Einhaltung wäre). Das Ziel der im Strahlenschutzgesetz festgelegten höchstzulässigen Mengen für die Emission radioaktiver Stoffe in die Umwelt ist keineswegs der maximale Schutz der Bevölkerung vor ionisierender Strahlung. Der maximale Schutz wäre selbstverständlich nur durch Null-Emissionen im gesamten Brennstoffzyklus gewährleistet. Das Ziel dieser Toleranzen ist es vielmehr, der Kerntechnik einen *ökonomisch vertretbaren Spielraum* zur Expansion zu geben.

Doch es sind vielfach gar nicht jene anfechtbaren Toleranzen (s. u.), auf welchen eine fundierte Kernenergie-Gegnerschaft aufbaut. Es spricht vielmehr vieles dafür, daß die von der Kernindustrie „garantierten" geringeren Abgabemengen nicht lückenlos eingehalten werden können. Unabhängige Wissenschaftler und zahlreiche Experten der Kerntechnik sind sich darin einig, daß die bestehenden technologischen und gesellschaftlichen Schwachstellen einer expandierenden Kernindustrie selbst im „Normalbetrieb" zu einer langsamen, aber unaufhaltsamen Anreicherung der Biosphäre mit Spuren radioaktiver Substanzen führen werden. Dieser Vorgang ist in zweifacher Hinsicht irreversibel:

1. *Keine Technologie kann radioaktive Stoffe,* die einmal Lebensräume kontaminiert haben und in Nahrungsketten gespeichert sind, jemals *wieder zurückholen.*

2. *Erbdefekte am Menschen* können — auch wenn sie sich zunächst unbemerkt in der Population anreichern — *durch keine Technologie wieder rückgängig* gemacht werden.

Alle bisherigen Erfahrungen mit großtechnischen Prozessen sprechen dafür, daß diese trotz aller Beteuerungen von Industrieexperten zu einem allmählichen Anreichern giftiger Spuren in der Biosphäre führen. (Vgl. z. B. die weltweite Kontamination von Gewässern und Nahrungsketten mit Quecksilber und anderen Giftstoffen industrieller Herkunft). Daß auch die Kernindustrie hier nicht in der Lage ist, eine Ausnahme zu bilden, zeigen die bereits während ihrer kurzen Geschichte aufgetretenen Zwischenfälle mit z. T. unkontrollierten Radioaktivitätsabgaben, gleichgültig ob diese nun durch technisches oder menschliches Versagen bedingt waren.

Die prinzipiellen Probleme bei der Kernspaltung liegen in der Beherrschung der Radioaktivität, die beim Menschen bereits in kleinen Dosen somatische und genetische Schäden hervorrufen kann.

Ein Kernkraftwerk mit einer elektrischen Leistung von 1000 MW enthält nach längerer Betriebszeit (etwa 1 Jahr) eine Aktivitätsmenge von rund 10 Milliarden Curie. Allein der Aktivitätsanteil an J-131, eines der flüchtigen und biologisch besonders wirksamen Radionuklide, beträgt noch zehn bis hundert Millionen Curie. Bei einem Entweichen von etwa 100 Ci an J-131 — das ist nur 1 Millionstel des Inventars in den Brennelementen — müßten bereits Notfallmaßnahmen eingeleitet werden. Freisetzungen von nicht einmal 1 Promille des Inventars — hätten bei ungünstigen meteorologischen Bedingungen tödliche Auswirkungen in der Umgebung. Daraus werden die hohen Anforderungen ersichtlich, die an Material, Funktion und Bedienung kerntechnischer Anlagen gestellt werden müssen.

Allein die bisher bekannt gewordenen Störfälle und Nachlässigkeiten widerlegen Behauptungen, wonach eine perfekte Betriebssicherheit garantiert werden könne.

Zwischen 1. 1. 1972 und 31. 5. 1973 hat eine USAEC-Sonderkommission für 30 Leichtwasserreaktoren annähernd 850 „abnormal occurences . . . malfunctions or defiecencies associated with safety-related equipment" festgestellt. Viele der Vorfälle hatten grundsätzliche Bedeutung und potentiell schwerwiegende Konsequenzen. Im Jahresbericht der Gewerbeaufsicht für Baden-Württemberg 1970 findet sich zum Beispiel die vielsagende Bemerkung: „Die Abgabe von Radiojod an die Umgebung insbesondere bei Reparaturarbeiten aber auch bei kleineren Störungen, wie sie in Kraftwerken immer wieder auftreten . . ." woraus erhellt, daß Aufsichtsbehörden Radiojodabgabe bei Reparaturen oder Störungen geradezu als Bestandteil des „Normalbetriebes" betrachten.

Obwohl die Nuklearindustrie beim Eingestehen von Störfällen außerordentlich zurückhaltend ist, existiert eine reichhaltige Palette trotzdem bekanntgewordener Unzukömmlichkeiten in den verschiedensten Zulieferbereichen und Anlagen der Kernindustrie, wofür hier nur einige wenige Beispiele angeführt seien:

Wiederholte Kollabierschäden an Brennstäben (USA, Beznau-Schweiz, Obrigheim-BRD u. a.) mit erhöhten Spaltproduktfreisetzungen in den Primärkreislauf, Atommüllskandal in Henford, Obrigheim, Karlsruhe und Würgassen, Plutoniumbrände und Plutonium-Freisetzungen in amerikanischen Oberflächengewässern und Plutonium-Kontaminationen in Karlsruhe, Fälschung von Prüfergebnissen bei Umgebungsüberwachung in Japan. Lange Zeit unbemerkte radioaktive Verseuchung der Trinkwasserversorgung eines amerikanischen Kernkraftwerkes durch irrtümliche Verbindung mit einem Behälter für radioaktive Abfallösungen. Hohe Radiojodabgaben in der Vermont-Yankee-Anlage.

Abgabe der 3fachen *Jahreshöchstmenge* an Spaltprodukten an einem Tag (1. 8. 1969) in die Ems (Kernkraftwerk Lingen).

Undurchsichtige Manipulationen im Zusammenhang mit erhöhten Umgebungsaktivitäten beim Shippingportreaktor. Kette von schweren technischen Mängeln und Zwischenfällen im Kernkraftwerk Würgassen (Schwesterkraftwerk von Zwentendorf), welche Würgassen den Beinamen „Demonstrationskraftwerk für Dauerstörfälle" eingetragen hat, Auslösung eines Kabelbrandes durch offene Kerzenflamme mit Lahmlegung des Notkühlsystems, wobei Katastrophe mit core-meltdown nur um Haaresbreite abgefangen werden konnte. „So far we have been extremely lucky... but a *fool* will prove greater than the *proof*, even in a fool-proof system" (E. Teller).

Der Einwand, daß viele der Störfälle im konventionellen Teil" der Anlage (unter anderem Turbinenwelle im Fall Würgassen) und nicht im nuklearen Teil aufgetreten seien, ist keine Beruhigung:

1. zeigt es, daß nicht einmal der konventionelle Teil — mit dem viel größere Erfahrungen bestehen — perfekt beherrscht wird,

2. liegt es im Wesen von Kernkraftwerken, daß konventionelle Ursachen sehr wohl nukleare Konsequenzen nach sich ziehen können.

Nach Dan Ford (Executive Director der Union of Concerned Scientist) seien an amerikanischen Kraftwerken bereits alle Störfälle aufgetreten, die zu einer nuklearen Katastrophe führen können, nur glücklicherweise bis jetzt verteilt auf verschiedene Anlagen. Weiters erklärte Dan Ford am Symposium „Umweltaspekte der Kernenergie", Wien, 1975, unter Verwendung eines spezifisch österreichischen Terminus: *No „Schlamperei" is allowed in a world handling such amounts of radio-active material.*

Die Forderung nach einer „Welt ohne Schlamperei" muß als eine der verstiegensten Utopien der bisherigen Umweltdiskussion bezeichnet werden. Hier auch nur als rhetorische Floskel geäußert, wäre sie dennoch für eine Zustimmung zu Nuklearprogrammen im großtechnischen Maßstab eine unabdingbare Voraussetzung. Solche Programme bauen demzufolge auf einer Utopie auf. Einen anderen Aspekt dieser Utopie kehrte der amerikanische Reaktorsicherheitsexperte Hocevar hervor: Selbst wenn man unter Aufbietung extremer technischer Sicherheitsvorkehrungen und höchster menschlicher Perfektion eine nach dem menschlichen Ermessen sichere und praktisch null-emittierende Abwicklung des nuklearen Brennstoffzyklus verwirklichen könnte, wäre sie wegen des großen Aufwandes ökonomisch nicht mehr konkurrenzfähig.[1]

Zum Zielkonflikt zwischen Wirtschaftlichkeit und „Sicherheit" erklärte Admiral Weymouth (US. Navy), daß ihn die Diskrepanz zwischen dem hohen Sicherheitsstandard der Kriegsschiffreaktoren und dem vergleichsweise geringen Sicherheitsstandard der zu kommerziellen Zwecken gebauten Reaktoren zutiefst beunruhige. Den Grund sehe er darin, daß die Marine ohne Rücksicht auf Gewinn vorgehen kann, während das Hauptziel der Industrie die Profitmaximierung sei. Wie eine Bestätigung dieser Aussage wirken die Vorkommnisse auf dem atomgetriebenen japanischen Handelsschiff Mutsu, das bereits auf seiner Jungfernfahrt so schwerwiegende Mängel (Neutronenleckage) erkennen ließ, daß man ihm die Rückkehr in den Heimathafen monatelang verwehrte.

Die herrschenden Gesetze, Verordnungen und Auflagen sehen im Falle der Überschreitung bestimmter Grenzwerte eine Abschaltung der Reaktoranlage vor.

---

[1] Daß solche, in zweifacher Hinsicht als utopisch erkannte Forderungen von kernenergienahen Energieplanern dennoch hoffnungsvoll als „Herausforderung" angenommen werden, zeigt folgendes Zitat eines Reaktortechnologen und Leiter einer internationalen energieprognostischen Arbeitsgruppe: „Wie Professor Alfven bin ich persönlich mit der Entwicklung der Kernenergie verbunden gewesen, bin aber nicht konvertiert, sondern bin nach wie vor für die Kernenergie. In der Tat, sie hat ihre Probleme, aber ich meine, wir sollten diese Herausforderung annehmen, die Probleme zu lösen, so wie unsere Vorfahren die jeweils anstehenden Probleme gelöst haben".
In einer Welt, die auf Grund ungelöster Probleme der Vorfahren dem ökologischen Kollaps entgegensteuert, eine wenig beruhigende Perspektive. Der erwähnte Experte pflegt das Risiko einer nuklearen Katastrophe unter Hinweis darauf, daß auch Staudämme mitunter brechen, als annehmbar zu bezeichnen. Seine diesbezügliche Redewendung „Life is risky" hat einen deutschen Kenner der Problematik zu der Entgegnung herausgefordert, dies sei „wohl eher die Mentalität von Kunstfliegern als eine brauchbare Maxime zur Erzeugung von Energie im großtechnischen Maßstab".

In der Praxis stehen solchen Abschaltungen jedoch schwerwiegende betriebswirtschaftliche Hindernisse gegenüber: Ausfall eines Kraftwerkblockes im 1000 MW-Bereich kann für das österreichische Verbundnetz vorübergehende Zusammenbrüche herbeiführen und bedeutet darüberhinaus enorme wirtschaftliche Einbußen (in der Größenordnung von 10 Millionen Schilling pro Tag). Hinzu kommen der damit verbundene Imageverlust der Kernenergie und die Sensibilisierung der Bevölkerung gegen das Radioaktivitätsrisiko, das für sie direkt ja gar nicht wahrnehmbar wäre.

Es bleibt die Frage offen, ob eine wirksame Abschirmung der Entscheidungsbefugten gegenüber dem Druck betriebswirtschaftlicher Erwägungen überhaupt möglich ist. Außerdem mißt der Kraftwerksbetreiber seine Emissionen selbst und die Behörde kontrolliert nur im Nachhinein in bestimmten Intervallen.

Erfahrungen aus dem Ausland zeigen die zunächst überraschende Tatsache, daß sich prominente Exponenten des Strahlenschutzes offen als Befürworter der Nuklearindustrie bestätigen.

Dies deutet die gesellschaftspolitischen Schwachstellen an, die unter dem Einfluß finanzstarker Wirtschaftsmächte entstehen und zur Gefahr werden können, wie das auch die wenig ermutigende Erfahrungen mit der Handhabung anderer Umweltgesetze zeigen. *Dies darf in einem umweltwissenschaftlichen Gutachten nicht unerwähnt bleiben.*

Zieht man eine Bilanz über das bisher Gesagte
— ökonomische Fragwürdigkeit
— ungelöste Atommüllproblematik
— Störfälle mit erhöhten Radioaktivitätsfreisetzungen als unabdingbare
    Begleiterscheinungen des „Normalbetriebes"
und multipliziert man diese Erfahrungen mit den Wachstumserwartungen der Kernindustrie, erscheint eine allmähliche irreversible Penetration unseres Lebensraumes mit radioaktiven Stoffen unausweichlich.

Berücksichtigt man dazu die Besonderheiten der biologischen Strahlenwirkung (siehe weiter unten), sind ökologische Bedenken gegen eine Expansion der Kerntechnik bereits voll gerechtfertigt.

Darüberhinaus existiert aber grundsätzlich die Gefahr katastrophaler Großunfälle. Für das Projekt eines Prozeßwärmereaktors der BASF in Ludwigshafen hat der Direktor des TÜV Rheinland, Dr. K. H. Lindackers, für einen solchen Fall ein Schadenspotential von bis zu 100.000 Soforttoten und 1,6 Millionen an Spätschäden Sterbenden berechnet (bei dieser Abschätzung werden weder die besondere Empfindlichkeit von Juvenilstadien, noch die mit Sicherheit gesetzten Erbschäden, noch die hot particle-Problematik (Transurane) berücksichtigt. Außerdem wurde von eher optimistischen Abnahmen über das strahleninduzierte Krebsrisiko ausgegangen).

Und an anderer Stelle erklärt Lindackers — jetzt stellvertretender Geschäftsführer des TÜV Rheinland: „Auf Grund der bisher durchgeführten theoretischen Studien läßt sich soviel sagen, daß einige Tausend bis zehntausend Personen betroffen sein könnten. Weiterhin ist zu beachten, daß die Folgen eines solchen Störfalles in der betroffenen Bevölkerungsgruppe wegen der langen Latenzzeit über einige Jahrzehnte wirksam sind. Eine genetische Schädigung, die sich in den folgenden Generationen signifikant auswirkt, kann nicht ausgeschlossen werden. Die Kontamination großer räumlicher Bereiche sei als letzter Faktor erwähnt. Für diese Aspekte eines katastrophalen Reaktorstörfalles gibt es keine adäquate Risikovergleiche . . .“, womit sich die von Befürwortern immer wieder herbeigeholten Vergleiche einer Nuklearkatastrophe mit Staudammbrüchen einmal mehr als grobe Irreführung erweisen. Da das enorme Schadenspotential offenkundig ist, sucht die Befürwortung solche Unfälle in den Bereich des Unwahrscheinlichen zu verweisen:

Im Auftrag der US. Atomenergiekommission wurde am MIT eine großangelegte Studie über Reaktorsicherheit ausgeführt („Rasmussen-Studie“). Obwohl diese Untersuchung erst in einer vorläufigen Fassung vorliegt (WASH 1400 Draft), steht sie bereits im Mittelpunkt einer heftigen Diskussion, da sie einerseits von Vertretern der Kernindustrie in vereinfachter Form zur Verniedlichung der Risiken verwendet wurde und andererseits von verschiedenen Gruppen (American Physical Society, Union of Concerned Scientists) und Einzelpersonen scharf kritisiert wurde. Wie realitätsfremd die Aussagen der Studie sind, zeigt ein Überprüfungsversuch durch Prof. Henry Kendall, Physiker und Reaktorsicherheitsfachmann am MIT: Kendall hat für zwei Unfälle, die wirklich stattgefunden haben, die Wahrscheinlichkeit berechnet, mit der sie nach der Rasmussen-Methode zu erwarten gewesen wären. Für den einen Fall kam er auf eine Wahrscheinlichkeit von 1 Mal in 10^{20} Jahren, für den anderen Fall auf die Wahrscheinlichkeit 1 Mal in 10^{38} Jahren. (Zum Zahlenvergleich: Das Alter unserer Erde ist mit rund 4×10^9 Jahren anzugeben).

In der Kritik mußte sich Rasmussen überdies nachweisen lassen, daß Ausgangsdaten so lange verändert werden, bis die Endresultate befriedigend erschienen (W. Bryan, Sicherheitsexperte der NASA 1974 in: A critica critique, Miljözentrum, Uppsala, Mai 1975).

Außerdem wurde in der Rasmussen-Studie ein funktionstüchtiges Notkühlsystem zugrunde gelegt. Diese Funktionssicherheit wird selbst von AEC-Experten bezweifelt und weder in den USA noch in Deutschland (noch irgendwo anders) ist in realitätsnahen Großexperimenten seine Wirksamkeit nachgewiesen worden.

Die ursprünglich von der NASA entwickelte Methode der Fehlerbaum-Analyse ergibt Werte, die als Sicherheitsfaktoren bezeichnet werden und dazu geeignet sind, verschiedene Systeme miteinander zu *vergleichen*. Es wird aber ausdrücklich hervorgehoben, daß sie nicht geeignet sind, *absolute* Werte der Versagenshäufigkeit zu berechnen.

Deshalb hat die NASA bereits vor Jahren diese Methode aufgegeben, wenn sie die absolute Wahrscheinlichkeit von Störfallhäufigkeiten berechnen wollte. Das Vorgehen des Rasmussen-Teams spiegelt also Sicherheiten vor, die die Methode grundsätzlich nicht zu liefern vermag.

„Natürlich lassen sich auch solche Vermutungen und Schätzungen in die Sprache der Wissenschaft übertragen und in die strengen Formen der Mathematik kleiden. Mit Zahlen läßt sich ein großer Teil der Welt und der Vorkommnisse in ihr beschreiben — auch das Ungefähre. Und wenn das Ungefähre erst einmal in eine Zahl verwandelt worden ist, dann läßt sich damit trefflich weiterrechnen... Das Ergebnis solcher Rechenkunst, welche die Schätzung, als Zahl verkleidet, in die Kalkulation einbringt, dann aber bis auf die vierte Stelle hinterm Komma genau jene Wahrscheinlichkeit ausrechnet, die an die Gewißheit immer nur „grenzt“ — das Ergebnis solcher Rechnerei war eine Verunklarung des Begriffes „Sicherheit“ des Begriffes, um den die Hoffnungen und Bemühungen der Atomtechniker und die Ängste und Bedenken des Publikums kreisen.“ (Jürgen Dahl)

Bei Berücksichtigung dieser Umstände bleibt die Erkenntnis, daß die „Sicherheit der Kernkraftwerke“ eine Fiktion ist, die nur allzuoft unkritisch als Realität akzeptiert wird.

Diese harte Feststellung ist auch das Facit von realitätsnahen Tests, die kürzlich von der Firma Aerojet-Nuclear in der Idahoe Test Facility an Komponenten von Reaktorsicherheitssystemen durchgeführt wurden. Dabei wurden die bisherigen Computer-Rechenmodelle als zu optimistisch falsifiziert.

III. Die Besonderheit der strahlenbiologischen Gefährdung

Daß bei der Erzeugung von Atomstrom im Reaktor sehr viel Radioaktivität entsteht, wovon zumindest Spuren dauernd in die Umwelt entweichen, ist unbestritten. Die gesamte Strahlenschutzgesetzgebung baut ja auf der erlaubten Freisetzung „höchstzulässiger“ Radioaktivitätsmessungen auf.

Seitens der Nuklearindustrie wird behauptet, es handle sich umgerechnet nur um ein Millirem/Jahr, also rund 1 Prozent der natürlichen Strahlenbelastung, der der Mensch ohnehin ausgesetzt sei.

Die Empfehlungen der ICRP (Internationale Strahlenschutzkommission) [1]) sehen jedoch keineswegs eine Toleranz von 1 mrem/Jahr, sondern eine um zwei Größenordnungen höhere Belastungsgrenze für die Durchschnittsbevölkerung vor, nämlich 170 mrem/Jahr ($^1/_{30}$ der betriebsinternen höchstzulässigen Strahlenbelastung)[2]) Für die unmittelbaren Anrainer des Kraftwerkes werden im Strahlenschutzgesetz sogar 500 mrem/Jahr toleriert, die jährliche Belastbarkeit für das *Bedienungspersonal* wird gar mit 5000 (!) mrem (Gesamtkörperbestrahlung) angegeben[3]), eine Festsetzung, die nur unter betriebswirtschaftlichen Erwägungen zu verstehen ist — eine Strahlenbelastung übrigens, unter der der Verfasser dieses Gutachtens auf Grund seiner strahlenbiologischen Kenntnisse nicht zu arbeiten bereit wäre.

Amtlicherseits hat man jedoch — *dies sei hier hervorgehoben* — den Kraftwerksbetreibern zum Schutz der *Durchschnittsbevölkerung* (nicht des Betriebspersonals) restriktivere Auflagen gemacht — dies schon im Hinblick auf die mögliche Vermehrung kerntechnischer Anlagen.

Eine *langfristige Garantie* des vielzitierten „1 mrem" ist auch damit nicht gewährleistet.

Die ausländischen Erfahrungen (s. Kapitel II.) zeigen, daß erhöhte Freisetzungen bei kleinen Störfällen, Reparaturen und Betriebsfehlern in der Praxis zum festen Bestandteil des „Normalbetriebes" gehören — so daß ein Kraftwerk (wie etwa im Fall Lingen) an einem Tag die *dreifache* Jahreshöchstemission abgeben könnte, *ohne deswegen abgeschaltet zu werden.*

Da eine perfekte Rückhaltung der Radioaktivität im Brennstoffzyklus unmöglich ist, konzentriert sich die Befürwortung der Kernenergie darauf, die zukünftig zu erwartenden Radioaktivitätsmengen in der Umwelt als biologisch unbedenklich hinzustellen.

Die bisherigen strahlenbiologischen Experimente und epidemiologischen Studien lassen jedoch keinen Zweifel, daß es für die krebsauslösende und erbgutschädigende Wirkung ionisierender Strahlung keine untere Grenze der Dosis gibt, unterhalb deren die Strahlung *wirkungslos* bliebe. Es gibt also keinen Schwellenwert der Wirkung, sondern eine lineare Dosis-Wirkungs-Beziehung.

Das heißt: Die carcinogenen und mutagenen Ereignisse hören beim Übergang zu geringsten Dosen nicht auf, sie werden nur — statistisch betrachtet — immer seltener.

---

[1]) An denen sich auch die österreichische Strahlenschutzverordnung orientiert...
[2]) s. Strahlenschutzverordnung I, 3. Abs., § 15, S. 485
[3]) Für bei der Arbeit exponierte Körperstellen wie Hände, Unterarme, Füße etc. bis zu 75.000 mrem pro Jahr.

Da aber mit jeder einzelnen Krebsauslösung oder Erbschädigung Menschen-
schicksale entschieden werden, dürfte „Seltenheit" kein Argument für ihre
bewußte, staatliche Billigung sein.

Die Zulassung solcher Noten müßte also zum Gegenstand einer humani-
tären Grundsatzentscheidung gemacht werden, wobei es zweitrangig ist, ob
die Zahl zusätzlich verschuldeter Krebs- und Leukämiefälle *jährlich 10
oder 100 pro Bundesland beträgt*. Das selbe gilt für die gleichzeitig zu er-
wartende Embryonalschädigungen (s. u.) und Erbdefekte (die ja die Population *über Generationen hinweg zunehmend* belasten).

Das Wissen um die Schadwirkung geringer Strahlendosen gründet sich auf
folgende Untersuchungen und Überlegungen:

Epidemiologische Studien

— an Röntgenologen und deren Personal: z. B. ein um den Faktor 2,5
  erhöhtes Auftreten von Leukämie bei Radiologen (Lilienfeld, A. M.,
  1966),

— an Kindern nach Röntgeneinwirkung im Mutterleib, wobei in den ersten
  drei Schwangerschaftsmonaten bereits eine einzige Röntgenaufnahme
  das Krebsrisiko des Kindes während der ersten 10 Jahre verdoppeln
  kann (Steward und Kneale, 1970; Bross und Natarajan, 1972),

— Studien über Fallout-Radionuklide in Lebensmitteln (multivariable
  statistische Studie in 61 urbanen Gebieten der USA ergab, daß Fallout-
  Erhöhung die Mortalität mit höherer Signifikanz beeinflußte als die
  lokalen Unterschiede der Luftverschmutzung).
  (Lave, Leinhardt und Kaye, 1972.)

— Strahlenkrebs als Spätschaden nach therapeutischer Strahlenanwendung.
  (Court Brown and Doll, 1957; Spiess und Mays, 1970).

— Lungenkrebs als Berufskrankheit von Uranbergleuten (samt Informa-
  tionen über synergistische Verstärkung von Strahlung mal Rauchen
  und konstitutionelle Empfindlichkeitsunterschiede: Lundin et al., 1969,
  BEIR-Report 1972 der National Academy of Sciences, Washington.)

Strahlenbiologische Experimente

Die klassischen Versuche der Strahlengenetik an einer Vielfalt von tieri-
schen, pflanzlichen und mikrobiellen Versuchsobjekten haben eine lineare
Dosis-Wirkungs-Beziehung bis in die niedesten experimentell zugänglichen

Dosisbereiche ergeben. Sie sprechen für eine universelle Gültigkeit der Prinzipien (Literatur z. B. bei Timofeeff-Ressovsky und im BEIR-Report.)

Die Berechnungen der in den USA bei Ausschöpfung der höchstzulässigen Strahlenlimits zusätzlich verursachten Krebs- und Leukämiefälle schwanken zwischen jährlich 16.000 bis 32.000 (Gofman und Tamplin) und 3000 bis 15.000 (BEIR-Report). Die zahlenmäßigen Unterschiede lassen sich auf unterschiedliche Detailannahmen bei der Berechnung zurückführen, beide Ergebnisse sind jedoch gleichermaßen beunruhigend.

Ein gewisser Mangel derartiger Berechnungen liegt neben einzelnen Unsicherheiten (z. B. das Verhältnis von Krebs zu Leukämiefällen, die Länge der Plateauregion usw.) in der Annahme einer bezüglich Strahlenempfindlichkeit homogenen Bevölkerung.

So ist z. B. bei einer Gruppe von Kindern das Risiko, nach Bestrahlung des Fötus während der Schwangerschaft mit niedrigen Dosen an Leukämie zu erkranken, 10mal größer als im Durchschnitt. (Bross und Natarajan, 1972.)

Wir haben zahlreiche Gründe anzunehmen, daß die konventionellen Berechnungen noch eine bedeutende *Unterschätzung* des tatsächlichen Schadensausmaßes darstellen. So ist der wohl wesentlichste Einwand gegen die Kerntechnik — die allmähliche Penetration der Umwelt (Anreicherung von Radionukliden in den Nahrungsketten bis zum Millionenfachen der Außenkonzentration) mit *erbschädigenden* Substanzen, nicht einkalkuliert.

Verunklarung des genetischen Risikos in der öffentlichen Debatte:

In jüngerer Zeit wird gelegentlich versucht, genetische Strahlenrisken im niedrigen Dosisbereich mit der Begründung in Abrede zu stellen, strahlengeschädigte Erbsubstanz (Punktmutationen an der DNS) könne durch Reparaturenzyme wiederhergestellt werden. Es konnten bisher drei verschiedene Typen von DNS-Reparaturmechanismen in bestimmten Zellarten nachgewiesen werden. Selbst unter der Annahme, daß sie auch in menschlichen Keimzellen vorkommen (der Nachweis steht noch aus) ist es *evident, daß sie nicht in der Lage sind, a l l e auftretenden Schäden am genetischen Material zu reparieren: Andernfalls dürfte es keine spontane Mutationsrate, keine Evolution und keine Erbkrankheiten geben.*

Daß der Reparaturvorgang *unvollkommen* und zeitabhängig ist, wurde außerdem experimentell bewiesen (siehe Timofeeff — Ressovsky, dort auch weitere Literatur; siehe auch Calkin 1975). Man muß also davon ausgehen, daß trotz der Existenz von Reparaturmechanismen ein wesentlicher Prozentsatz von Erbschäden verbleibt. Auf ebendiesen (nicht reparierten) Anteil konzentriert sich seit jeher das Interesse von Genetikern, Evolutionstheoretikern und Strahlenbiologen. Daß dieser mutagene Effekt im experimentell gut zugänglichen Bereich dosisproportional ist, wurde ebenfalls praktisch bewiesen und theoretisch wohlbegründet.

Während sich die „Repair-Forschung" also auf den *„reparierten"* Anteil der primären Strahlenschäden konzentriert, befaßt sich die Strahlengenetik mit den *nicht reparierten Schäden* — und diese allein sind für biologische Risikoabschätzungen relevant.

Die Existenz von Repair-Enzymen, die — sofern vorhanden — bei den entscheidenden strahlenbiologischen Experimenten stets wirksam waren und in das Ergebnis eingingen (gleichgültig ob man von ihnen wußte oder nicht) vermag daher die biologischen Risikoabschätzungen nicht abzuschwächen.

Hingegen bietet das Wissen um Repair-Enzyme neuerdings eine Erklärungsmöglichkeit für die potenzierte Schadwirkung ionisierender Strahlung bei Zusammentreffen mit konventionellen Umweltgiften (Rauch, Schwermetall etc.). Interessant ist in diesem Zusammenhang der sichergestellte Synergismus von Zigarettenrauchen und Strahlenbelastung für eine Lungenkrebsauslösung (Literatur: Lundin et al. 1969).

Der natürliche Strahlenpegel (80—130 mrem) — Argument für eine Erhöhung der Strahlenbelastung aus künstlichen Quellen?

Bezeichnend für dieses Argumentationsschema sind die folgenden beiden Zitate:

1. Univ.-Prof. Dr. E. H. Graul, Direktor der Klinik und Poliklinik für Nuklearmedizin an der Universität Marburg; oft zitierter Gutachter für die Kernindustrie:
   „Wir selbst sind ein wissenschaftlicher Beweis dafür, daß die natürliche Strahlenbelastung für den Menschen human und mit keinerlei Risiko verknüpft ist . . .". (Zitiert nach „Zur Sache", Nr. 2/75, aus der öffentlichen Anhörung des Innenausschusses des Deutschen Bundestages am 2. und 3. Dezember 1974 in Bonn).

2. Informationsschrift des Bayerischen Innenministeriums (zur Verteilung in Schulen): „. . . dabei wird übersehen, daß wir schon immer *zu unserem Wohl* einer wesentlich stärkeren Strahleneinwirkung natürlichen Ursprungs ausgesetzt sind, z. B. durch Strahlung aus dem Weltraum und Radioaktivität aus der Erde".

Die Argumentation von Graul verstößt gegen ein experimentell und theoretisch fundiertes Grundgesetz der Strahlengenetik: es gibt keine genetisch unwirksame Strahlendosis. *Ein Teil der „spontan" auftretenden Erbdefekte wird bereits von der natürlichen Strahlung verursacht.*

Unter scharfen natürlichen *(nicht* humanen!) Auslesebedingungen werden die Erbschäden laufend wegselektiert. Erst dieses Wechselspiel von Mutation und Selektion bildete den Motor der Evolution. Bei verminderter Auslese, wie sie für das Zivilisationsmilieu charakteristisch ist, führt selbst die natürliche Mutationsrate zwangsläufig zur Verschlechterung des Gesundheitsstandards der Population.

In neuerer Zeit hat das Wissen darüber erheblich zugenommen, daß an einem großen Teil aller Krankheiten genetische Komponenten mitbeteiligt sind. Bisher wurden bei der Abschätzung der genetischen Gefährdung des Menschen meist nur einige auffällige, aber relativ seltene Erbkrankheiten berücksichtigt. Nach verschiedenen Schätzungen ist die tatsächliche Auswirkung einer erhöhten Mutationsrate beim Menschen um mehr als eine Größenordnung höher anzusetzen.

Grundsätzlich erwächst einer Gesellschaft, welche durch die Erfolge der Medizin und Fortschritte der Humanität die natürliche Auslese aufgehoben hat, die zwingende Verpflichtung, mutagene Einflüsse zu verhindern. Besonders gilt dies für die Einführung von Technologien, deren mutagenes Gefährdungspotential prinzipiell bereits vorher erkannt ist (oder zieht man es vor, statt dessen auf verschärfte Eugenik oder utopische Lösungen in Form eines „genetic engineering" am Menschen — etwa im Sinne Josuah Lederbergs — zu hoffen?).

Ist es wissenschaftlich gerechtfertigt, unter Hinweis auf lokale Schwankungen der natürlichen Strahlenbelastung eine künstliche Erhöhung aus kerntechnischen Quellen als unbedenklich zu erklären?

Für die „Unschädlichkeit" lokal erhöhter Strahlenpegel werden im allgemeinen folgende Beispiele ins Treffen geführt:
1. Menzenschwand (Schwarzwald)
2. Kerala (Indien)
3. Bad Gastein (Österreich)

ad 1. Menzenschwand, Schwarzwald

Dieser Ort wird in der Literatur als Beispiel für die Harmlosigkeit erhöhter Strahlenpegel angegeben: 1800 mrem pro Jahr als durchschnittliche Gonadendosis der Bevölkerung, was dem 15- bis 20fachen Normalpegel entspräche. Mitarbeiter des Boltzmann-Institutes für Umweltwissenschaften und Naturschutz, Wien, konnten bei Meßfahrten feststellen, daß die Bevölkerung von Menzenschwand nicht einmal einem Zehntel der angegebenen Dosis ausgesetzt ist. Erhöhte Werte fanden sich lediglich am Stolleneingang

einer aufgelassenen und normalerweise unzugänglichen Uranmine in sicherer Entfernung von jeder menschlichen Ansiedlung. Dieser punktuelle Extremwert wurde jedoch bisher in der Kernenergieliteratur als „Durchschnittswert der natürlichen Untergrundstrahlung „Menzenschwand/Schwarzwald" geführt.
Das Argument erweist sich somit als Falschmeldung, umso mehr, als keinerlei epidemiologische Studien vorgelegt wurden.

ad 2. Kerala, Indien

Auf die Frage, ob durch Kernenergieanlagen Erbschäden verursacht werden können, findet sich im Werbepavillon der Kernkraftwerksgesellschaft Stein folgende Anwort: „Nein." — Und weiter: In einer Studie, die auf der Genfer Konferenz der Vereinten Nationen über den friedlichen Gebrauch der Kernenergie vorgelegt wurde, heißt es: In der westindischen Region Kerala, in der ein Strahlenpegel vorliegt, der im Verhältnis zu den Normalwerten bei uns 400 bis 500 Prozent (teilweise bis 2000 Prozent) beträgt, wurden 70.000 Menschen in über 13.000 Haushalten untersucht. Die Analyse ergab, daß es keine statistisch erkennbaren Unterschiede zu den Verhältnissen bei uns gibt. Wenn also der Strahlenpegel hier in unserem Lande durch Kernkraftwerke um etwa 1 Prozent erhöht wird, kann es dadurch auf gar keinen Fall zu Erbgutschäden oder Langzeiterkrankungen kommen." Abgesehen davon, daß es grob irreführend ist, die ökologische Problematik der Kerntechnik auf fiktive 1prozentige Pegelerhöhungen (die niemand garantiert) der Strahlung in Umgebung von Kernkraftwerken zu reduzieren, wird die zitierte Studie (gemeint ist die Arbeit: Gopal-Avengar und Mitarbeiter: Evaluation of the long-term effects of high background radiation on selected population groups of the Kerala-coast, A-conf. 49-p-535, India, Mai 1971) vollkommen falsch dargestellt. Die Säuglingssterblichkeit der untersuchten Keralaregion liegt mit einem Mittelwert von 184 Promille 6- bis 16mal höher als in europäischen Ländern *(daß die Säuglingssterblichkeit in der am stärksten strahlenexponierten Gruppe sogar 309 Promille (!) betrug, wird bezeichnender Weise verschwiegen).*

Unter so scharfen Auslesebedingungen ist eine Manifestation oder gar Zunahme von Erbkrankheiten in der Bevölkerung gar nicht zu erwarten. Außerdem hat die erwähnte Arbeit nur einige grobe medizinische Parameter untersucht, die genetische Schlußfolgerungen oder die Abschätzung somatischer Spätschäden überhaupt nicht zulassen.

ad 3. Bad Gastein

Für dieses, uns besonders naheliegende Beispiel ist man bis jetzt die epidemiologische Fundierung schuldig geblieben, während sich die gerade im

Zusammenhang mit Gastein oft behauptete biopositive Wirkung ionisierender Strahlung als Mythos entpuppt hat (siehe z. B. Broda, 1973).

Gewichtige Hinweise dafür, daß lokale Unterschiede der terrestrischen Strahlung tatsächlich erkennbare gesundheitliche Wirkungen hervorrufen, sind z. B. in der Untersuchung von Gentry et al. 1959 enthalten. Diese Autoren fanden im Staat New York, daß in Gebieten mit erhöhter terrestrischer Radioaktivität auch die Häufigkeit angeborener Mißbildungen erhöht ist.

Abgesehen von allen epidemiologischen Studien bestehen entscheidende Unterschiede zwischen der natürlichen Strahlenbelastung und einer allmählichen Kontamination der Biosphäre mit (künstlichen) Radionukliden (unter besonder Berücksichtigung von Nahrungskettenspeicherung, organ- und gewebespezifischen Speicherungen und der besonderen Ionenakkumulation von Embryonen, wobei Radionuklidspuren aus der Umwelt sich *im* Organismus zu *„inneren Strahlern"* hoher Aktivität verdichten (etwa Sr-90 im Knochen — in unmittelbarer Nähe des roten Knochenmarks, in dem die Blutbildung erfolgt, oder J-131 Akkumulation in der Schilddrüse, Y-90 Speicherung in der Hypophyse — embryonale Steuerungszentren also).

Die Strahlenbelastung der Organismen in einer radioaktiv kontaminierten Umwelt ist im vorhinein kaum abzuschätzen (wobei daran erinnert sei, daß „rem" keine meßbare Einheit, sondern eine mit Hilfe zum Teil arbiträrer Qualitätsfaktoren konstruierte Rechengröße ist).

Röntgendiagnostik als Entschuldigung für radioaktive Verseuchung der Umwelt?

Im höchsten Maße irreführend ist es, eine durchschnittliche Strahlenbelastung der Bevölkerung aus der Röntgenanwendung anzugeben und mit dem Radioaktivitätsrisiko zu vergleichen.

Während der verantwortungsbewußte Arzt unter allen Umständen bestrebt ist, Embryonen und Kleinstkinder von jeglicher Röntgenbestrahlung fernzuhalten, wäre gerade diese empfindlichste Bevölkerungsgruppe von einer radioaktiven Kontamination der Umwelt am stärksten betroffen (besonders hohe Tendenz zur Ionenspeicherung, besonders hohe Strahlenempfindlichkeit).

Während der Verzicht auf Röntgendiagnostik in einzelnen Fällen echte Gesundheitsrisiken bringen würde, ist die Nichtanwendung der Kernenergie gesundheitlich völlig unbedenklich.

Außerdem kann die Anwendung der Röntgenologie prinzipiell nicht zu einer radioaktiven Kontamination der Umwelt führen, wobei an einer Minimierung der diagnostischen Strahlenbelastung laufend gearbeitet wird (Photographie statt Durchleuchtung, elektronische Bildverstärkung etc.).

Ebenso irreführend ist es, das *Radioaktivitätsrisiko* aus kerntechnischen Anlagen unter Hinweis auf Gesundheitsbeeinträchtigungen durch SO_2 rechtfertigen zu wollen.

SO_2 ist zwar ein wichtiger Faktor bei der Auslösung von Erkrankungen der Atemorgane (inklusive Cocarcinogenese), bei Vegetationsschäden, Boden- und Gewässeransäuerung und Schädigung von Kulturgütern, kann in seiner Schadwirkung aber *prinzipiell nicht* mit dem genetischen Strahlenrisiko verglichen werden — auch nicht hinsichtlich seiner Persistenz im Ökosystem.

Während es für einmal in die Umwelt entwichene langlebige Radionuklide keine technische Abhilfe mehr gibt und selbst etwaige Verbesserungen an der nächsten Reaktorgeneration an einer vorhandenen Verseuchung nichts mehr ändern könnten, ist das SO_2-Problem eine reine Kostenfrage und technologisch beherrschbar. (Lösungen dafür bieten sich bereits an.) Es erlischt als Umweltproblem, sobald man seine Emission einstellt.

Diese wohlbekannten Argumente einer pseudowissenschaftlichen Kernenergiepropaganda — also Abwägungen des Radioaktivitätsrisikos gegenüber
— Staudammbrüchen
— Röntgendiagnosen
— natürlichen Strahlenpegeln
— und Schwefeldioxydemissionen
endlich klar zu widerlegen, müßte ebenso zur Aufgabe öffentlicher Aufklärung gemacht werden, wie es nötig wäre, die energiepolitische Fragwürdigkeit der „*Kienspandrohung*" aufzudecken.

Die Kernenergie hat in ihrer relativ kurzen Geschichte bereits eine Reihe von Störfällen mit unkontrollierten Freisetzungen von Radioaktivität zu verzeichnen gehabt. *Angesichts des angewachsenen strahlenbiologischen Wissens über Spätschäden ist es eine grobe Irreführung, weiterhin zu behaupten, es seien bisher durch die friedliche Nutzung der Kernenergie keine Menschen zu Schaden gekommen! Im Augenblick des Radioaktivitätsaustritts ist mit einer Manifestation der Schädigung ja noch nicht zu rechnen. Strahlenkrebs manifestiert sich mit Latenzzeiten von 5 bis 20 Jahren, Erbschäden erst nach Generationen.*

Manchmal wird von konzilianten Proponenten der Kernindustrie im Zusammenhang mit derartigen Risikoüberlegungen die Forderung nach mehr Forschung geäußert. Sind sie auch bereit, die Ergebnisse solch aufwendiger Forschungsprogramme abzuwarten? So schwerwiegende offene Gesundheitsfragen scheinen ihnen jedenfalls kein Hindernis, mit allen Mitteln den Kernenergieausbau voranzutreiben.

Dabei kann von naturwissenschaftlicher Seite heute nicht mehr bezweifelt werden, daß ionisierende Strahlung prinzipiell zellschädigend wirkt und daß eine allmähliche Penetration der Umwelt mit künstlicher Radioaktivität Vitalitätsminderungen, zusätzliche Krebstote und Erbkranke produziert.

Nur wenn der Wunsch nach *detaillierteren Zahlenangaben über die zu erwartenden letalen Spätschäden und Erbkrankheiten besteht*, sind die oben angeführten Fragen in großem Maßstab experimentell aufzugreifen.

Sollte sich hingegen in der gesellschaftspolitischen Diskussion herausstellen, daß der Gesetzgeber keinerlei zusätzliche Gesundheitsrisken dieser Art aus einer neuen Technologie legitimieren dürfe, würden sich solche Artefakt-Forschungen als obsolet erweisen.

Wie weit gerade diese Problematik über den naturwissenschaftlich entscheidbaren Rahmen hinausreicht, wird im folgenden Zitat des führenden Genetikers Prof. G. C. Bresch besonders deutlich:

„Genetiker werden oft gefragt, welche Strahlendosis toleriert werden könne. Die Antworten sind unterschiedlich und werden meist nur widerstrebend gegeben, denn es gibt auf diese Frage keine Antwort. Abgesehen von der Tatsache, daß das heute vorliegende Versuchsmaterial zwar eindeutig Erzeugung schädlicher Mutationen durch Strahlung beweist, aber für quantitative Angaben den Menschen betreffend noch recht unvollkommen ist, müßte für eine solche Antwort festgelegt sein, ob wir eine Verdoppelung, Verzehnfachung oder Verhundertfachung der heute durch Spontanmutation bedingten Fehlgeburten, Mißbildungen und Erbkrankheiten für „tragbar" halten. Entscheidend in unserer Verantwortung für spätere Generationen ist die Tatsache, daß erst nach genügender Verbreitung der rezessiven Defekte durch weitere Fortpflanzung der heutigen Menschheit die Katastrophe über unsere Enkel und Urenkel hereinbrechen kann, auch wenn wir heute den Eindruck einer normalen Situation haben."

Diese — in der Menschheitsgeschichte noch nicht dagewesene Dimension von *Verantwortung, die den Entscheidungsträgern* aus dem besonderen Schadenspotential der Nukleartechnik erwächst, kann auch zwischen den Zeilen ganz schlichter, praxisnaher Fragen herausgelesen werden, die im Zusammenhang mit dem Kernkraftwerk Zwentendorf gestellt wurden:

Wie wirkt sich eine radioaktive Kontamination (besonders nach Störfällen) der Stauräume und des Grundwassers auf die Trinkwasserversorgung der donaunahen Siedlungsräume aus?

Sind Evakuierungskonzepte für größere Reaktorunfälle ausgearbeitet? Wann werden sie *veröffentlicht* und ist beabsichtigt, ihre Realisierbarkeit durch Ernstfallübungen mit der betroffenen Bevölkerung sicherzustellen? Welche Vorkehrungen auf dem Ernährungssektor werden eingeplant, wenn große Agrarflächen, Nahrungsmittel und Viehbestände radioaktiv kontaminiert sind?

(Vergleiche die Insuffizienz der Notstandsmaßnahmen im Falle der primär Jod-131-kontaminierten Weidetiere und Molkereiprodukte nach dem Windscale-Störfall, sowie die unzureichenden Dekontaminationsmaßnahmen durch „Tiefpflügen" nach Plutoniumverseuchung landwirtschaftlicher Gebiete durch eine verlorene Atombombe.)

Bekanntlich hat sich auch noch kein Versicherungskonzern der Welt bereitgefunden, Kernkraftwerke auf die Folgerisken (etwa eines Unfalles) zu versichern.

Schlußfolgerung

Energiepolitisch wie ökonomisch für Österreich weder notwendig noch wünschenswert, wäre ein forcierter Kernenergieausbau wegen der zahlreichen offenen Probleme dieser riskanten Technologie eine Weichenstellung in die falsche Richtung. Die gegenwärtigen Wachstumsabschwächungen sollten als Denkpause in der Energiefrage genutzt werden. Erstmals vom bisher so zwingenden Druck steigenden Stromverbrauchs befreit, kann der Spitzenpolitiker eine besonnene Prüfung der biologischen Langzeitgefahren und Sicherheitsfragen in einem offenen demokratischen Meinungsbildungsprozeß anstreben.

Die ungelösten Folgeprobleme und ökologische Einwände sind so schwerwiegend, daß eine — von der Nuklearpropaganda unbeeinflußte wahrheitsgemäße Information der Bevölkerung beinahe zwingend das Ende des Kernenergieausbaues (gegenwärtiger Prägung) in Österreich nach sich ziehen müßte.

Danksagung

Der Verfasser dankt dem Bundesministerium für Wissenschaft und Forschung, Sektion Forschung, für die Schaffung dieser publizistischen Plattform, durch die eine faire und sachliche Auseinandersetzung zwischen Befürwortung und Kritik ermöglicht wird.

Weiters dankt der Autor seinen Mitarbeitern Dr. P. Weish und Dr. E.
Gruber, dem Leiter des Instituts für Gesellschaftspolitik, Prof. Paul Blau,
den Ökonomen Dr. Th. Prager (Arbeiterkammer Wien) und Dr. Uwe
Schubert (Institut für Interdisziplinäre Raumforschung der Wirtschafts-
universität) und Herrn Mag. W. Schönbäck (Finanzwissenschaftliches Institut der Technischen Hochschule, Wien), sowie Herren der österreichischen
Elektrizitätswirtschaft, ohne deren Hilfe, Literaturhinweise und anregende
Diskussionsbemerkungen es ihm kaum möglich gewesen wäre, eine interdisziplinäre Problemdarstellung dieser Art zu geben.

Oktober 1975

Tabelle 2. Sättigung mit den wichtigsten stromintensiven Elektrogeräten
(Geräteanzahl pro 100 Haushalte) nach Bundesländern.

	Elektro-herde	Warm-wasser-speicher	Wasch-maschinen	Nacht-strom-speicher-Heizung (Anlagen-anzahl)
Wien	10,7	9,7	20,6	7,0
Niederösterreich	44,2	36,6	53,6	3,7
Burgenland	52,0	47,0	48,0	2,6
Oberösterreich	63,6	40,4	57,0	2,6
Steiermark	60,5	42,8	44,4	5,0
Kärnten	80,5	32,4	63,0	2,4
Salzburg	78,1	30,4	69,8	4,8
Tirol	89,1	63,6	63,8	2,8
Vorarlberg	96,2	48,8	69,3	3,7

Es ist deutlich zu erkennen, daß in Gebieten mit traditioneller Gasversor-
gung, wie vor allem in Wien, der Elektroherd und die elektrische Warmwasserbereitung zwangsläufig nur eine untergeordnete Rolle spielen ...

ÖZE · Jg. 27 · Heft 12 · Dezember 1974   *463*

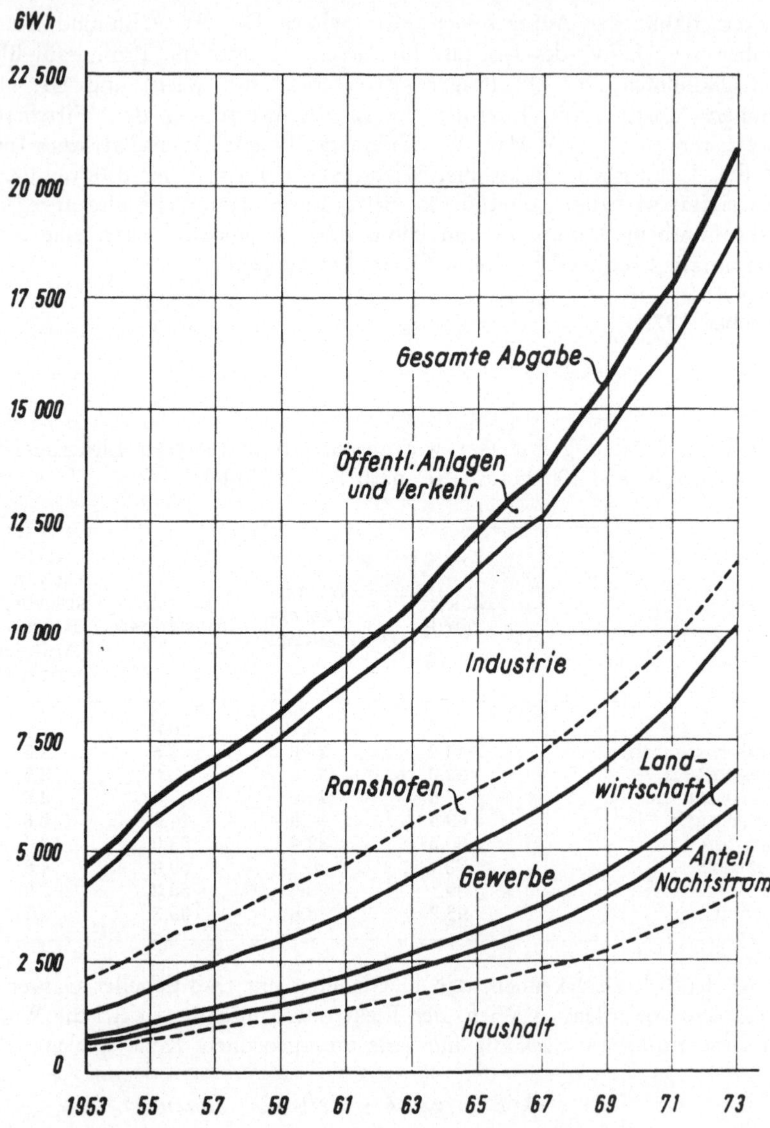

Abb. 4. Entwicklung der Gesamtabgabe der öffentlichen Elektrizitätsversorgung nach Abnehmergruppen 1953—1973.

ÖZE · Jg. 27 · Heft 12 · Dezember 1974   465

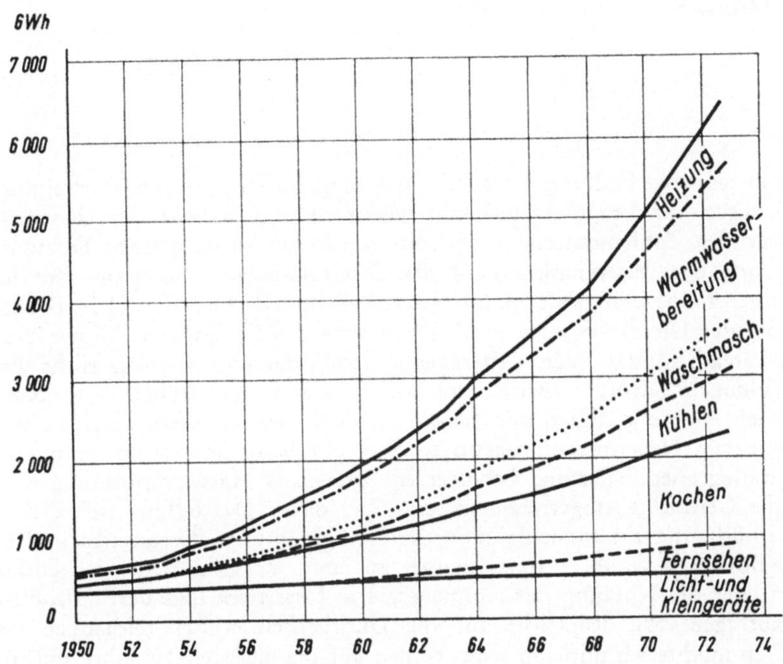

Abb. 5. Entwicklung des Haushaltsstromverbrauches (einschließlich der land-
wirtschaftlichen Haushalte) 1950—1973 nach den wichtigsten Anwendungs-
arten.

ÖZE · Jg. 27 · Heft 12 · Dezember 1974   *464*

65

Kernenergie — eine Notwendigkeit für die nächsten Jahrzehnte

P. Weinzierl

Wenn man die Haltung betrachtet, die einige auflagenstarke österreichische Zeitungen zur Frage Atomenergie vertreten und sie mit dem besorgniserregenden Zahlenmaterial vergleicht, wie es aus so nüchternen Dokumenten, wie dem Energieplan 1974 des Österreichischen Handelsministeriums spricht, kann man nicht umhin festzustellen, daß hier der Öffentlichkeit kein guter Dienst erwiesen wird. Denn statt den Lesern in sachlicher Weise klarzumachen, daß hier weittragende technische und wirtschaftliche Entscheidungen getroffen werden müssen, je klarer und früher desto besser, werden Ängste geschürt, mit der ein Großteil der Menschen zunächst jeder technischen Neuerung entgegentritt. Dies gilt besonders, wenn sie mit der psychologischen Belastung behaftet ist, zuerst als Massenvernichtungswaffe in die Geschichte eingetreten zu sein. Ziel dieser Darstellung ist es, durch eine nüchterne Zusammenfassung der Energiesituation Österreichs und der Möglichkeiten zu ihrer Bewältigung, zu einer Versachlichung der Diskussion über die Nutzung der Atomenergie in Österreich und deren Probleme beizutragen. Mit Rücksicht auf die Unsicherheit weiter reichender Prognosen möchte ich mich im wesentlichen auf die nächsten 10 Jahre und nur in wenigen Ausblicken auf die Zeit bis zur Jahrhundertwende beschränken.

Energieversorgung Österreichs 1975—1985

Wie die meisten westeuropäischen Staaten ist Österreich darauf angewiesen, den größeren Teil seiner primären Energieträger zu importieren. Dieser Importanteil ist ständig im Wachsen begriffen und stieg z. B. von 57 Prozent im Jahre 1969 auf 63 Prozent im Jahre 1972. (Dies ist das letzte Jahr, für das Daten im Statistischen Handbuch 1974 vorliegen.)

Für 1985 prognostiziert der Energieplan 1974 eine Importabhängigkeit von 75 bis 80 Prozent an primären Energieträgern. Während sich diese

Zahlen auf den Energiegehalt der Importe beziehen, hat sich mit der Ölkrise um die Jahreswende 1973/74 auch eine drastische Erhöhung der
Importkosten pro Mengeneinheit ergeben. Da sich der Preis für Erdöl-
importe zu diesem Zeitpunkt etwa verdreifachte und Erdöl auch in Österreich die dominierend benützte Energiequelle darstellt, stiegen die Gesamt-
importkosten für Energieträger von 1973 auf 1974 von 10,4 auf 18,9 Milliarden Schilling an. Es ist nicht zu bezweifeln, daß auch die anderen Energieträger in dieser Preisentwicklung nachziehen und es zum Teil schon
getan haben; vor allem gilt das vom transportgünstigen Erdgas, das bei
allen neuen Vertragsabschlüssen dem Trend der Ölpreise folgen wird.

Im folgenden sei ein Überblick über den vom Österreichischen Institut für
Wirtschaftsforschung 1974 prognostizierten Energiebedarf für die Zeit
1972—1985 gegeben. Dies kann nicht ohne Vorbehalt geschehen, da selbst
die hier wiedergegebene niedrigere Variante der Prognose ein mittleres
Wirtschaftswachstum von 4 Prozent für diesen Zeitraum annimmt. Obwohl sich Wirtschaftswachstumsraten nicht in einfacher Weise auf Energie-
zuwachsraten umrechnen lassen, besteht zwischen diesen Größen doch eine
enge Korrelation. Es wäre nach den Rezessionserscheinungen des letzten
Jahres möglich, daß sich die angenommenen Wirtschaftswachstumsraten
auf einem niedrigeren Niveau als 4 Prozent einpendeln und sich dann
auch die hier wiedergegebenen Energieabschätzungen als überhöht erweisen.
Da jedoch zu diesem Zeitpunkt keine besseren Zahlen verfügbar sind,
werden sie untenstehend mit diesem Vorbehalt als Grundlage der Diskussion zusammengestellt. Hienach wird eine mittlere Zuwachsrate des gesamten Energieverbrauches 1972—1985 von 3,8 Prozent pro Jahr und eine
mittlere Zuwachsrate des Stromverbrauchs für diesen Zeitraum von 6,1 Prozent pro Jahr erwartet. In den nachfolgenden Tabellen 1 und 2 sind die zur
Deckung erforderlichen Mengen nach Gruppen von Energieträgern aufge-
gliedert, und zwar in Tabelle 1 nach ihrem Wärmewert, in Tabelle 2 nach
ihren Mengen.

Tabelle 1

	1972 (10^{12} kcal)	1980 (10^{12} kcal)	1985 (10^{12} kcal)
Kohle und Koks	22,1	18,4	16,3
Mineralölprodukte	84,5	106,0	119,8
Gas	29,4	51,5	72,5
El. Strom	23,4	36,9	49,7
Insgesamt	159,4	212,8	258,3

Tabelle 2

	1972	1980	1985
Kohle und Koks, Mio t	3,95	3,06	2,64
Mineralölprodukte, Mio t	8,54	11,23	11,41
Gas, Mrd. km³	3,27	5,92	8,34
El. Strom, TWh	27,2	43,0	57,7

Abgesehen vom Ausmaß des Gesamtzuwachses, der nach dieser Prognose für diesen Zeitraum 62 Prozent beträgt, ist die besonders starke Zunahme an Stromverbrauch von 112 Prozent und an Gasverbrauch von 147 Prozent (alles bezogen auf 1972) in dieser Prognose bemerkenswert.

Diesen Zahlen stehen stark abnehmende Prognosen für die Inlandsförderung fossiler Energieträger gegenüber. In Tabelle 3 sind sie zusammen mit den Strombauvorhaben der Elektrizitätsversorgungsunternehmen (EVU) zusammengestellt.

Tabelle 3

	1975	1980	1985
Erdöl, Mio t	2,40	1,94	1,59
Erdgas, Mrd. m³	2,19	1,50	1,20
El. Strom, TWh	30,8	42,8	58,4

Die Kohlenförderung Österreichs liegt derzeit bei ca. 3 Millionen Tonnen jährlich; ihre Entwicklung ist jedoch sehr schwer vorauszusagen, da bestimmte Lagerstätten in diesem Zeitraum sicher zu Ende gehen und andere erschlossen werden sollen. Die Erwartung, daß ihre Entwicklung der fallenden Verbrauchsprognose entsprechen wird, dürfte ungefähr richtig sein. Nach den Planungen der EVU sollten 1985 drei Kernkraftwerke mit einer Leistung von rund 3000 MW installiert sein und mit einer jährlichen Lieferung von 19,3 TWh ein Drittel des gesamten Stromaufkommens liefern.

Vergleicht man Tabelle 2 und 3, ergibt sich auf dem Erdölsektor ein Importbedarf für 1985 von rund 10 Millionen Tonnen, was bei heutigen Preisen 15 Mrd. Schilling entspräche. Bei einer Annahme von 8 Prozent Preissteigerung pro Jahr ergäben sich 32 Mrd. Schilling für 1985. Hier muß zusätzlich der Vorbehalt gemacht werden, daß die Preisentwicklung über 10 Jahre ebenso wie die Sicherung der Importe schwer abzusehen ist, da praktisch die Nahoststaaten allein für die Lieferung in Frage kommen. Auf dem Erdgassektor sieht diese Prognose einen Importzuwachs um rund

5 Milliarden m³ vor. Nach dem Energieplan 1974 ergibt sich jedoch nach der Möglichkeit weiterer Vertragsabschlüsse noch eine Importlücke, die zwischen rund 2 bis 6 Milliarden m³ liegt, je nach dem Optimismus, mit dem man den noch zu führenden Verhandlungen entgegensieht. Als Lieferant bietet sich derzeit nur die Sowjetunion und in Zukunft Algerien an. (Eventuell könnte auch iranisches Erdgas über die Sowjetunion geliefert werden.) Das algerische Erdgas soll in verflüssigter Form in riesigen Tankern nach Italien gebracht und dort in das europäische Erdgasleitungssystem eingespeist werden. Eine Ergänzung der verbleibenden Importlücke an Erdgas ist laut Energieplan 1974 nur durch Heizöl (schwer) möglich.

Zusammenfassend kann dieser Ausblick auf die nächste Dekade so charakterisiert werden: Ein stark zunehmender und die Außenhandelsbilanz schwer belastender Importbetrag auf dem Sektor flüssiger und gasförmiger Brennstoffe ist mit Sicherheit vorauszusehen. Erschwerend erscheint, daß das gesamte Erdöl aus Ländern zu beziehen ist, von deren Seite politische Pressionen und exzessive Preisforderungen auch in Zukunft nicht auszuschließen sind. Auf dem Erdgassektor kommt der Sowjetunion ein solches Übergewicht an Exportkapazität zu, daß sie einer Monopolstellung nahekommt (Jahresproduktion 1972: 221 Mrd. m³). Danach ist klar, daß für Österreich bei der Ungunst seiner zukünftigen Entwicklung auf dem Energiesektor jener Energieimport am vorteilhaftesten erscheint, bei dem der Brennstoffkostenanteil am kleinsten ist, und das ist mit weitem Abstand die Kernenergie. Er beträgt derzeit ca. 6 g/kWh (elektrisch) für Kernenergie verglichen mit 26 bis 32 g/kWh (elektrisch) für fossile Brennstoffe in modernen Anlagen.

Hinsichtlich der Wasserkraft ist festzustellen, daß Mitte 1974 48 Prozent der wirtschaftlich ausbauwürdigen Kapazität bereits in Betrieb war, 9 Prozent waren zu diesem Zeitpunkt in Bau, 43 Prozent in einem mehr oder weniger fortgeschrittenen Projektstadium. Ein Ausbau der Elektrizitätskraftwerke (inklusive Kernkraftwerke und Leitungssysteme) in dem in Tabelle 1 vorgesehenen Ausmaß bedingt einen Kapitalbedarf von 152 Mrd. für 1975—1985 (11 Jahre), wovon 50 bis 60 Prozent durch Fremdkapital aufgebracht werden müßte. Nach den Voraussagen gerät die Finanzierungsmöglichkeit bereits in den nächsten Jahren in einen Engpaß, so daß mit einer Verzögerung im Ausbau gerechnet werden muß. Da die Wasserkraftanlagen wesentlich kapitalintensiver als Kernkraftwerke gleicher Leistung sind, werden sie aus Finanzierungsgründen gegenüber der Zeitplanung mit großer Wahrscheinlichkeit zurückfallen müssen. Vergleicht man nämlich die erforderlichen Investitionen für ein Kraftwerk — typische Größe 1000 MW elektrische Leistung — mit denen für ein großes Wasserkraftwerk — typische Größe 300 MW elektrische Leistung — so ergibt sich auf gleiche jährliche Stromerzeugung umgerechnet (bei einer Annahme von 6000 Reaktorbetriebsstunden im Jahr) genau der doppelte Investitionsaufwand für das Wasserkraftwerk. Bei den in der Zahl überwiegenden kleineren Wasserkraftwerken ist dieses Verhältnis noch wesentlich ungünstiger.

Die Frage einer Treibstoffgewinnung durch Kohle-Verflüssigung oder -Vergasung, die in anderen Staaten in Zukunft sehr bedeutend werden kann, stellt sich in Österreich auf Grund der bescheidenen Vorkommen nicht.

Bevor ich näher auf Fragen der Kernenergie und ihre Probleme eingehe, seien kurz die Möglichkeiten neuer Energiegewinnungsmethoden gestreift.

Energiequellen auf Basis neuer Technologien

Bei der Diskussion über künftige Energieversorgungsfragen wird viel von neuen und umweltfreundlichen Technologien gesprochen. Es kann kein Zweifel bestehen, daß intensive Forschungs- und Entwicklungsarbeit auf diesem Gebiet zu den wichtigsten Aufgaben gehört, denen sich Wissenschaft und Technik heute gegenübersehen. Es werden jedoch in diesem Zusammenhang leicht falsche Hoffnungen erweckt, wann und in welchem Ausmaß diese Technologien einen nennenswerten Beitrag zur Energieversorgung leisten können. So haben z. B. die USA, die derzeit nur 16 Prozent ihres Energiebedarfs durch Importe decken, ein Forschungs- und Entwicklungsprogramm erstellt, durch das sie bis 1985 von Energie-Importen unabhängig werden wollen. Die geschätzten Kosten dieses Programmes belaufen sich auf etwa 20 Mrd. Dollar. Obwohl wesentliche Beträge aus dieser Summe der Entwicklung neuer Technologien gewidmet sind, soll die für 1985 geplante Energieautarkie ausschließlich auf der Verbesserung und Intensivierung bereits bekannter und erprobter Energiequellen und Maßnahmen zur Energieverlust-Verringerung basieren.

Trotzdem sei zur Klärung der Situation kurz auf die dem Potential nach größten neuen Energiegewinnungsmethoden eingegangen.

Fusion

Es wird sehr wahrscheinlich in den nächsten 10 bis 15 Jahren gelingen, eine kontrollierte Kernfusion eines Deuterium-Tritium-Gemisches entweder mit magnetischem Einschluß des Plasmas oder durch Laserbeschuß im Sinne eines Demonstrationsexperiments, das keine nützliche Energiemenge liefert, zu realisieren. Dann erst wird die Verwirklichung eines Fusionsreaktors ernstlich beurteilt werden können. Ein Demonstrations-Fusionskraftwerk könnte vermutlich zwischen den Jahren 2000 und 2050 mit sehr großem Kostenaufwand gebaut werden. Die technologischen Schwierigkeiten und damit auch die Kosten einer energieliefernden Fusionsanlage scheinen jedoch derzeit so enorm, daß man mit Recht daran zweifeln kann, ob diese Energiequelle im Laufe des 21. Jahrhunderts in wirtschaftlich vertretbarer Weise zur Energieversorgung beitragen kann. Auch sollte der verbreitete Irrtum beseitigt werden, daß diese Anlagen keine radioaktiven Abfälle erzeugen. Unter dem Einfluß der extrem hohen Neutronenflüsse entstehen in der Ummantelung des Fusionsraumes sehr hohe Radioaktivitäten, und gerade diese Ummantelung wird wegen ihrer extremen Belastung einer häufigen Auswechslung bedürfen. Ich persönlich bin der Ansicht, daß in Anbetracht des dringenden Bedarfes nach Energieforschung auf Gebieten, die früher einen realen Erfolg versprechen, die Fusionsforschung eingestellt werden sollte. Die Programme der technischen Großmächte sprechen gegen diese Auffassung, doch glaube ich, daß hier viel Prestigedenken eine Rolle spielt (vgl. der erste Mensch am Mond!).

Sonnenenergie

Hier sind drei wesentliche Richtungen zu unterscheiden: 1. die Nutzung zur Warmwassererzeugung, 2. die Erzeugung von elektrischem Strom, 3. die Erzeugung von Wasserstoff auf photochemischem Weg.

Zur erstgenannten Möglichkeit ist zu sagen, daß die Errichtung von Sonnenhäusern und ähnlichen Installationen, die auf einer Wassererwärmung unter Flächen mit geeigneten Strahlungsfiltereigenschaften beruhen, in absehbarer Zeit durchaus realisierbar sind. Durch Warmwassererzeugung und Speicherheizung für Wohnzwecke könnte eine Einsparung an sonst erforderlicher Energie in Form von Strom oder Gas erzielt werden. In unseren Breiten wird im Winter allerdings eine Zusatzheizung notwendig sein. Der Umfang dieser Sonnenenergienutzung ist jedoch auf das Ausmaß beschränkt, in dem Einfamilienhäuser oder relativ niedere, großflächige Wohnanlagen in Zukunft neu gebaut werden und man bereit ist, die zusätzlichen Investitionen für spätere Energiekosteneinsparung in Kauf zu nehmen.

Die Stromerzeugung mittels Sonnenzellen, wie sie für die Satelliten entwickelt wurden, ist zwar heute bereits realisierbar, doch liegen die Stromkosten um ca. einen Faktor 1000 über den sonst gebräuchlichen Methoden. Ebenso ist der Weg über durch Spiegelsysteme beheizte Dampfkraftwerke oder photochemische Wasserzersetzung und Wasserstoffgewinnung möglich. Diese Fragen verdienen weltweit gesehen größte Anstrengung an Forschung und Entwicklung. In den USA erwartet man jedoch trotz der großen vorgesehenen Aufwendungen vor dem Jahr 2000 keine wesentlichen Beiträge von dieser Form der Energiegewinnung, da die Kosten noch exzessiv hoch sind und sehr großflächige Anlagen erfordern. Diese Anwendungen werden vermutlich auf Kleinanlagen in entlegener Lokation (Entwicklungsländer), bzw. auf Gebiete mit wüstenähnlichen Einstrahlungsverhältnissen beschränkt bleiben. Sie sind daher für die österreichische Versorgung erst auf lange Frist und im Sinne eines sehr weiträumigen Verbundsystems von Bedeutung.

Geothermische Energie

Sie ist dort von Bedeutung und auch schon im großen genutzt, wo natürliche heiße Quellen hinreichender Temperatur vorhanden sind (z. B. Italien, Island). In Österreich können Tiefbohrungen an geeigneten Stellen, z. B. an der Thermenlinie in Niederösterreich, erweisen, ob nutzungswürdige Quellen vorhanden sind.

Die Umsetzung der trockenen Erdwärme in großen Tiefen in nutzbare Energie wird — falls überhaupt realisierbar — noch langer Entwicklung bedürfen und sehr investitionsaufwendig sein.

Aus dieser kurzen Übersicht folgt, daß die neuen Energietechnologien — abgesehen von perzentuell kleinen Beiträgen einer möglichen Sonnenenergienutzung auf Warmwasserbasis — bis zur Jahrhundertwende nichts zur Energieversorgung Österreichs beitragen werden.

Zusammenfassung der Argumente für den Einsatz von Kernenergie

Aus dem bisher Gesagten gehen die wirtschaftlichen Vorteile der Kernkraftwerke hinsichtlich der niederen Brennstoffkosten einerseits und des gegenüber Wasserkraftwerken wesentlich kleineren Investitionsbedarfs klar hervor. Insgesamt kommt dies in den Gesamt-Stromkosten pro kWh zum Ausdruck, die derzeit bei ca. 26 g/kWh beim Kernkraftwerk, bzw. bei ca. 36 g/kWh für ein konventionelles kalorisches Kraftwerk moderner Bauart liegen.

Aus der oben erwähnten Unsicherheit der Wirtschafts- und Energiebedarfsprognosen darf nicht der Schluß gezogen werden, Kernenergie sei unnötig oder weniger wichtig, wenn man die Wachstumsraten für die Zeit bis 1985 etwa halbieren müßte. Selbst unter diesen geringeren Zuwachsannahmen wird der Trend zur zunehmenden Verwendung von Strom und Gas auf Grund ihrer vielfältigen, einander ergänzenden Einsatzmöglichkeit und Umweltfreundlichkeit anhalten (diese Prognose gilt für alle technisch hochentwickelten Länder). Die kleineren Absolutwerte der finanziellen Importbelastung für Energieträger sind jedoch für eine im Vergleich zu den vergangenen 20 Jahren nur sehr bescheiden wachsenden Volkswirtschaft eine ebenso gravierende Belastung, wie dies bei größerem Wachstum auf der Basis des Energieplans 1974 der Fall wäre.

Ein weiterer Vorteil der Kernenergie ist die Sicherheit der Brennstoffversorgung und die günstige Lagerhaltungssituation. Uran kann aus Ländern importiert werden, die an der Aufrechterhaltung eines freien Welthandels dringend interessiert sind. Darüberhinaus besteht begründete Hoffnung, daß bei steigenden Uranpreisen auch die in der Schieferzone der österreichischen Alpen vorhandenen Uranvorkommen in den Bereich der Abbauwürdigkeit kommen und damit ein Teil der Brennstoffkosten in Zukunft in Österreich selbst aufgebracht werden kann. Bei den derzeit in Bau und Planung befindlichen Leichtwasserreaktoren mit ca. 3prozentiger Anreicherung an U-235 beträgt der Kostenanteil für das Natururan selbst etwa ein Drittel der Gesamtkosten für die Brennelemente.

Betreffend die Versorgung für den Krisenfall ist folgendes festzuhalten: Für Kernkraftwerke werden üblicherweise Ergänzungsbrennelemente für etwa drei Jahre angeschafft und gelagert. Für fossile Kraftwerke betragen die Reserven meist nur wenige Wochen und eine Lagerhaltung für einen mehrjährigen Zeitraum wäre ökonomisch so gut wie ausgeschlossen.

Fossile Energieträger für konventionelle kalorische Kraftwerke, Verkehr, Industrie und Haushalte tragen zur Umweltbelastung sehr wesentliche Schadstoffmengen an Kohlenmonoxyd, Schwefel- und Stickoxyden, verbrannte Kohlenwasserstoffe und Staub bei. Nur Erdgas verbrennt bis auf einen kleinen Betrag an Stickoxyden schadstofffrei. Die Gesamt-Schadstoffmenge, die zum größten Teil auf die Mineralölprodukte zurückgeht, betrug im Jahre 1972 rund 1,4 Millionen Tonnen. Diese würden 1985 nach dem Energieplan 1974 auf ca. 2,2 Millionen Tonnen anwachsen. Kernkraftwerke hingegen tragen zu dieser Art von Schadstoffbelastung nichts bei. Die von ihnen im Normalbetrieb freigesetzten radioaktiven Edelgase dürfen in der unmittelbaren Umgebung des Kraftwerkes 1 Prozent der natürlichen Radioaktivitätsbelastung nicht überschreiten. Da diese wieder in den besiedelten Gebieten Österreichs je nach Höhe und geographischer Lage um ca. 100 Prozent schwankt, ohne daß hieraus nachweisliche Gesundheitsschäden festzustellen sind, ist von diesen Emissionen der Reaktoren keinerlei Schädigung zu erwarten.

Für die Zeit nach 1985 ist die Kernenergie höchstwahrscheinlich auch für andere Verwendungen von Bedeutung. In Hochtemperaturreaktoren wird Kühlgas (Helium) bereits nach heutiger Technologie auf Temperaturen von etwa 900° C erhitzt. In der BRD läuft z. B. seit 1967 ein solcher graphitmoderierter Prototyp-Reaktor, der 15 MW elektrische Energie liefert. Die Temperatur des He-Kühlgases betrug zunächst 850° C; seit zwei Jahren wurde sie auf 950° C erhöht, ohne daß Betriebsschwierigkeiten eintraten. Neben dem günstigeren thermischen Wirkungsgrad bei der Stromerzeugung ist es bei diesen Temperaturen möglich, Wasser durch thermochemische Kreisprozesse in Wasserstoff und Sauerstoff zu spalten. Diese Technologie befindet sich derzeit im Stadium erster Versuchsanlagen und wird von großen Unternehmen in den USA, Japan und der BRD mit großem Aufwand weiterentwickelt. Es ist anzunehmen, daß hiedurch die großtechnische Erzeugung von Wasserstoff wesentlich verbilligt werden kann. Dieser wäre als Industrierohstoff (Ammoniakerzeugung, Verbesserung des H/C Verhältnisses und Entschwefelung von Raffinerieprodukten, direkte Reduktion von Eisenerz) von großer Bedeutung. Außerdem stünde hiemit auf weitere Sicht ein praktisch wie Erdgas transportabler, speicherungsgeeigneter, ideal umweltfreundlicher und überall erzeugbarer neuer Energieträger im großen Stil zur Verfügung. Ähnlich wie die Erdölkrise nur ein politisch überbetontes Signal für eine sich in absehbarer Zukunft abzeichnende Verknappung dieser Energiequelle war, so ist auch die für 1985 für Österreich prognostizierte Lücke in der Erdgasversorgung kennzeichnend für ein weltweit absehbares Defizit im Verhältnis Förderung zu Bedarf dieses wertvollen Energieträgers. Ein Kernkraftwerk mit einer thermischen Leistung von 3000 MW würde bei dem erwarteten Wirkungsgrad von etwa 50 Prozent für die Wasserspaltung und einem Lastfaktor von 70 Prozent ca. 3 Mrd. m³ Wasserstoff pro Jahr erzeugen. Das entspricht im Wärmewert rd. 1 Mrd. m³ Erdgas.

Darüberhinaus ist auch ein Einsatz von Kernenergie für andere industrielle Prozeßwärme, etwa zur Kohleverflüssigung oder -Vergasung, wegen der günstigen Brennstoffkosten sehr wahrscheinlich.

Gefahren der Anwendung der Kernenergie

Die Gefahren bei der Nutzung der Kernenergie zur Energiegewinnung lassen sich in drei Gruppen klassifizieren:
1. Radioaktive Emissionen beim Normalbetrieb der Kernkraftwerke und bei kleineren Betriebsgebrechen,
2. Gefahren durch einen sehr großen Unfall bei einem Kernkraftwerk,
3. Probleme, die durch die Aufarbeitung der Brennelemente und Lagerung der Spaltprodukte und besonders des gebildeten Plutoniums entstehen.

Zu Punkt 1 ist zu sagen, daß diese Emissionen kein ernstes Problem bilden. Die durch die Strahlengesetzgebung für den Normalbetrieb gesetzten Toleranzgrenzen für radioaktive Emissionen sind so niedrig, daß hier von einer Gefährdung der Bevölkerung nicht die Rede sein kann. Kleinere Gebrechen, Undichtigkeiten und dergleichen, die bei Kontrollen festgestellt worden sind und über die in letzter Zeit mehrfach berichtet wurde, werden spätestens entdeckt, wenn es zu erhöhten Werten der radioaktiven Emissionen kommt, die zwar die vorgeschriebenen Grenzen kurzzeitig wesentlich übersteigen kann, aber in diesem Ausmaß noch niemand gefährdet, da die Toleranzgrenzen ja für dauernde Emission festgelegt sind. Im Falle solcher Vorkommnisse wird der Reaktor sofort abgeschaltet. Die Behebung solcher Schäden kann in ungünstigen Fällen zu längeren Betriebsunterbrechungen führen. Da die Wirtschaftlichkeit der Kernreaktoren wesentlich mit der Zahl der Betriebsstunden pro Jahr zusammenhängt (6000 Stunden/Jahr sind bei Leichtwasserreaktoren nach den vorliegenden Erfahrungen ein realistischer Wert), ist man auch aus ökonomischen Gründen sehr bemüht, solche Gebrechen durch sorgfältigste Testung aller Teile in der Bauphase und Überprüfungen im Betrieb hintanzuhalten.

2. Die Möglichkeit eines sehr schweren Reaktorunfalles (durch gleichzeitigen Ausfall des Kühlmittels und des Notkühlsystems, Schmelzen des Reaktorkerns und Austritt großer Radioaktivitätsmengen trotz doppeltem Einschluß des eigentlichen Reaktors) ist zwar extrem unwahrscheinlich, kann aber wie alles technische Versagen nicht mit hundertprozentiger Sicherheit ausgeschlossen werden. Es kann dabei zur Freisetzung großer Mengen radioaktiver Stoffe und je nach Standort und meteoroligischen Verhältnissen zum Tod von Hunderten, ja Tausenden Menschen kommen. Dieser Gefahrenfaktor war Gegenstand einer umfangreichen Studie in den USA, die unter dem Namen Rasmussen-Report bekannt ist und 1974 zunächst als Entwurf veröffentlicht wurde. Die Frage ist die Wahrscheinlichkeit des Eintritts eines solchen Unfalls bei den jetzt gängigen Reaktortypen (Leichtwasser-Reaktoren) und die Abschätzung des Ausmaßes der Folgen. Sinnvollerweise muß man die resultierenden Zahlen mit anderen Gefährdungen in Vergleich setzen. Die Studie kommt zu dem Schluß, daß 100 Kernkraftwerke in den USA mit vergleichbarer Wahrscheinlichkeit den Tod einer bestimmten Anzahl von Menschen hervorrufen dürften, wie sie durch die Möglichkeit eines großen Meteorsturzes gegeben ist. Die Wahrscheinlichkeit, daß durch alle Arten von Naturkatastrophen, bzw. Auswirkungen anderer technischer Einrichtungen in der Totenanzahl vergleichbare Unfälle entstehen, ist je rund 10.000mal größer als diese Werte. Die abgeschätzten Unfallwahrscheinlichkeiten sind in Tab. 1 aus dem Originalreport wiedergegeben.

Es ist natürlich eine schwierige ethische und soziale Frage, welches Risiko eine Gesellschaft als noch akzeptabel betrachtet. Eine vernünftig erscheinende Vergleichszahl für dieses Grenzrisiko ist die folgende: Die kleinste „natürliche" Sterbewahrscheinlichkeit (nach Abzug von Unfällen, Selbstmorden und Säuglingssterblichkeit) liegt in den westlichen Industrieländern bei etwa 2.10^4 Todesfällen pro Person und Jahr. Für jeden der 15 Millionen Mensch, die in den USA in einer 20-Meilen-Zone um einen Reaktor leben, beträgt die hiedurch bedingte Gefährdung jedoch nur 3.10^9 Todesfälle pro Jahr. (Dies bezieht sich auf akute Strahlenkrankheiten, nicht auf eventuelle Spätfolgen.) Wenn diese Zahl auch nur beansprucht innerhalb einer Größenordnung richtig zu sein, so ist dies doch ein sicherlich akzeptabler Wert. Voraussichtlich kann er durch Verbesserungen der Sicherheitssysteme noch um einiges gesenkt werden, da dieser Report konkret von Reaktortypen ausgeht, deren Konstruktion aus dem Jahre 1966 stammt. Damit liegt diese Gefahrengrenze weit unter vielen anderen Gefährdungen durch unsere technische Zivilisation, die wir längst akzeptiert haben, weil wir ihre Vorteile nicht missen wollen.

Tabelle 1

Individuelles Risiko eines akuten Todesfalls aus verschiedenen Gründen
(U. S.-Bevölkerungsdurchschnitt 1969)

Unfall-Art	Gesamtzahl 1969	Ungefähres individuelles Risiko akuten Todes Wahrscheinlichkeit/Jahr[1]
Motor-Fahrzeug	55.791	3×10^{-4}
Stürze	17.827	9×10^{-5}
Feuer, heiße Stoffe	7.451	4×10^{-5}
Ertrinken	6.181	3×10^{-5}
Gift	4.516	2×10^{-5}
Feuerwaffen	2.309	1×10^{-5}
Maschinen (1968)	2.054	1×10^{-5}
Schiffahrt	1.743	9×10^{-6}
Luftfahrt	1.778	9×10^{-6}
Herabstürzende Gegenstände	1.271	6×10^{-6}
Elektr. Schlag	1.148	6×10^{-6}
Eisenbahn	884	4×10^{-6}
Hitzschlag	160	5×10^{-7}
Tornados	91 [2]	4×10^{-7}
Hurricanes	93 [2]	4×10^{-7}
alles andere	8.695	4×10^{-5}
Alle Unfälle		6×10^{-4}
Nukleare Unfälle (100 Reaktoren)	0	3×10^{-9} [3]

Hinsichtlich graphitmoderierter Hochtemperaturreaktoren ist darauf hinzuweisen, daß ein Entweichen des Kühlmittels Helium hier keine vergleichbar
drastischen Folgen erwarten läßt. Der negative Temperaturkoeffizient des
graphitmoderierten Reaktors zusammen mit der kleinkörnigen Verteilung
des Uran- oder Thoriumkarbids im Graphitmoderator lassen ein Ereignis,
das dem Kernschmelzen bei einem Leichtwasserreaktor gleichkommt, als
unmöglich erscheinen. Dieser Reaktortyp sollte daher bei der Entscheidung
über Neuplanungen etwa ab 1985 sehr ernst in Betracht gezogen werden.

Punkt 3 stellt zweifellos das schwierigste Problem der Kernenergienutzung
dar. Die durch die Uranspaltung erzeugten Spaltprodukte sind radioaktiv
mit einem weiten Spektrum von Halbwertszeiten. Mehrere Jahre nach der
Entnahme aus dem Reaktor ist die Gesamtaktivität zwar um rund 4
Größenordnungen abgesunken, die verbleibenden Aktivitäten (im wesentlichen Cäsium-137 und Strontium-90) haben jedoch 30, bzw. 20 Jahre Halbwertszeit. Aus diesem Grund ist die sichere Endlagerung dieser Abfälle,
d. h. die Verhinderung des Austritts abgelagerter Spaltprodukte in die
Biosphäre, über sehr lange Zeit erforderlich. Außerdem wird im Reaktorbetrieb Plutonium-239 erzeugt, das nach Abtrennung von den Spaltprodukten als zukünftiger Reaktorbrennstoff in geeigneter Form gelagert und
verarbeitet werden muß. Wegen seiner Halbwertszeit von 24.000 Jahren
und seiner extrem hohen Giftigkeit im Falle einer Aufnahme durch den
Menschen ist seiner sicheren Lagerung und Kontrolle größtes Augenmerk
zuzuwenden. Auch die in der Aufarbeitung abgetrennten Spaltprodukte
enthalten nach heutiger Technologie noch 1 Prozent des gebildeten Plutoniums. Darüberhinaus ist Plutonium-239 als leicht spaltbares Material wie
Uran-235 zur Bombenherstellung geeignet. Dies ist jedoch für Plutonium
aus dem normalen Reaktorbetrieb wegen seiner Verunreinigung mit Pluto-
nium-240 technologisch viel schwieriger als bei eigens für militärische
Zwecke erzeugtem Material.

Als erster Schritt müssen die dem Reaktor entnommenen gebrauchten Brennstoffelemente in unmittelbarer Nähe in gekühlten Tanks gelagert werden,
bis ihre Aktivität so weit abgeklungen ist, daß sie zu einer der großen
europäischen Aufbereitungsanlagen transportiert werden können. Diese

---

¹) Basierend auf gesamter US-Bevölkerung, falls nicht anders vermerkt.

²) Über mehrere Jahrzehnte gemittelt.

³) Basierend auf ungefähr 15 Mill. Menschen, die sich innerhalb 20 Meilen
eines Kernkraftwerkes aufhalten. Wenn die gesamte US-Bevölkerung von
200 Mill. Menschen zugrunde gelegt würde, wäre der Wert 2×10^{10}.

⁴) Übersetzt aus dem Entwurf des Rasmussen-Reports WASH-1400, 1974;
die dort vermutlich fehlerhaft angebrachte Fußnote ²) wurde durch eine
verallgemeinerte ersetzt.

Lager für bestrahlte Brennelemente stellen einen integrierenden Bestandteil jeder Reaktoranlage dar. Die Technologie dieser Lagerung ist erprobt und bietet kein wesentliches Problem. Anlagen für die Aufarbeitung von Brennelementen für nichtmilitärische Zwecke sind in Frankreich und England in Betrieb, in der Deutschen Bundesrepublik im Projektstadium. Für die Endablagerung der Spaltprodukte kommen nach allgemeiner Meinung z. B. große Salzlagerstätten in Frage, die geologisch nachweislich über Millionen Jahre hinweg unverändert geblieben sind. Die Spaltprodukte sollen dort in glasartigen oder keramischen Substanzen verfestigt gelagert werden. Obwohl ein Austritt von Radioaktivität aus in dieser Weise angelegten Lagern ausgeschlossen erscheint, muß die entsprechende Technologie noch im Detail sorgfältig erprobt werden. Außerdem müssen entsprechende Überwachungsanlagen installiert und über lange Zeiträume hinweg erhalten werden.

Da auf längere Frist der abgetrennte radioaktive Abfall von den Ländern, die Brennelemente zur Aufarbeitung gesandt haben, voraussichtlich wieder zurückgenommen werden muß, wird man auch in Österreich nach geeigneten Lagerstätten suchen müssen. Dies stellt wegen der erforderlichen Vorbereitungszeit eine der dringendsten Entwicklungsarbeiten für die Atomenergienutzung in Österreich dar. Die sehr alten und geologisch ruhigen Urgesteinsmassen des Waldviertels scheinen eine sinnvolle erste Wahl für entsprechende Untersuchungen. Als Zeitpunkt für eine Rückführung verfestigten radioaktiven Abfalls nach Österreich kommt etwa das Jahr 1990 in Betracht. Aufarbeitungsanlagen selbst kommen wegen ihrer Größe (ein wirtschaftlich günstiger Wert liegt bei 1500 t Uran pro Jahr) für Österreich auch langfristig kaum in Frage. In diesen Aufbereitungsanlagen ebenso wie in den Plutonium-Lagern und -Verarbeitungsstätten wird man zur Vermeidung der Abzweigung kleiner Mengen zu verbrecherischen Zwecken mit den strengsten Sicherheitsmaßnahmen vorgehen müssen. Daß dies möglich ist, hat die dreißigjährige Erfahrung in militärischer Plutoniumherstellung und -verarbeitung gezeigt. So unerfreulich diese militärischen Aspekte der Atomenergie sind, haben sie doch eine große Menge Erfahrung gerade in diesem heikelsten Bereich der Kern-Technologie gebracht. Wenn man bedenkt, daß in diesem Zeitraum, in dem diese ganze Technologie und alle Schutzmaßnahmen erst neu entwickelt werden mußten, nur sieben Menschen durch Strahlungsschäden ums Leben gekommen sind, wobei es sich ausschließlich um Beschäftigte der Anlagen und nicht um Außenstehende handelt, so kann man trotz aller potentieller Gefahren nicht umhin, der Kerntechnologie eine außerordentliche faktische Sicherheit zu bescheinigen. (Diese Zahlen entstammen einer Übersicht 1945—1970 und gehen zum großen Teil auf die Frühzeit militärischer Anlagen zurück. Spätere Strahlentodesfälle sind dem Autor nicht bekannt.) Im kommerziellen Bereich der Kerntechnologie sind bisher zumindest in den westlichen Ländern keine Toten durch Strahleneinfluß zu verzeichnen.

Obwohl kein Anlaß besteht, an der Lösbarkeit des Endlagerungsproblems für den radioaktiven Abfall zu zweifeln, sollten die außerordentlichen Sicherheitsmaßnahmen, die der Umgang mit großen Mengen Plutonium erfordert, doch Anlaß sein, für die in den 80er Jahren zu planende neue Generation von Kernreaktoren eine Alternative ernstlich zu prüfen: Die Verwendung des Thorium-232 — Uran-233-Brennstoffzyklus. Thorium ist in Mengen vorhanden, die mit den Uranvorkommen vergleichbar sind; das natürliche Isotop 232 kann im Reaktor über Zwischenstufen in thermisch spaltbares Uran-233 umgewandelt werden. Ein Reaktor, der die Kernspaltung zuerst durch hochangereichertes Uran-235 aufrecht erhält, bewirkt also in dem ebenfalls eingebrachten Thorium-232 die Umwandlung in Uran-233 (ähnlich wie Plutonium-239 im Uran-Reaktor entsteht). Bereits in der ersten Brennstoffladung eines solchen Reaktors würde die gebildete Plutoniummmenge um mehr als eine Größenordnung geringer sein, als in niederangereicherten Uran-Reaktoren gleicher Leistung. Weitere Reaktorladungen könnten dann auf der Basis des leicht spaltbaren Urans-233 (statt Uran-235) betrieben werden und so eine weitere Plutoniumproduktion ausschließen. Der Konversionsfaktor (gebildetes Uran-232/verbrauchtes Uran-233 bzw. 235) liegt jedoch nach dem Stand heutiger Technologie bei 0,9 für graphit- oder D_2O-moderierte Reaktoren. Dies bedeutet, daß Reaktoren, die Thorium-232 in Uran-233 konvertieren, zwar einen hohen Prozentsatz des natürlichen Thoriums ausnützen können, aber allein doch nicht in der Lage sind, einen Brennstoffzyklus aufrecht zu erhalten. Sie müßten entweder durch Uran-235-Anreicherungsanlagen oder durch Brutreaktoren ergänzt werden, bei denen der Konversionsfaktor, d. h. die Nacherzeugung von leicht spaltbarem Uran-233 größer als 1 ist. Die technischen und ökonomischen Fragen eines solchen reinen Thorium-Brüters sind jedoch noch nicht abgeklärt. Jedenfalls könnte aber auch im Falle einer ergänzenden Benützung von hochangereichertem Uran-235 dieses in den Brennstoffelementen völlig von Thorium-232 bzw. gebildetem Uran-233 getrennt werden. Spaltprodukte aus dem Thorium-232 — Uran-233-Brennstoffzyklus enthalten keine Beimengungen, die an biologischer Schädlichkeit und Langlebigkeit dem Plutonium-239 vergleichbar sind.

Die Zusammenfassung nuklearer Energieproduktion in großen Einheiten auf küstennahen künstlichen Inseln („nuclear parks"), welche Aufarbeitung und Brennelementeerzeugung ebenfalls umfassen, stellt aus Sicherheits- und Abwärmegründen für die Zeit nach 1985 zweifellos eine optimale Lösung dar. Österreich sollte sich an solchen für Europa nur übernational lösbaren Planungen beteiligen, kann sie aber als kleiner Binnenstaat nicht maßgebend beeinflussen. Als Energieträger über die sich ergebenden großen Distanzen wird Wasserstoff, eventuell auch in Form von flüssigem NH_3, die ökonomisch beste Möglichkeit sein.

Konklusion

Diese Überlegungen führen zu folgenden Schlußfolgerungen: Bereits in dem hier vor allem betrachteten Zeitraum bis 1985 bringt der Einsatz der Kernenergie für Österreich wesentliche wirtschaftliche Vorteile und verhindert einen sonst unweigerlich eintretenden Engpaß in der Stromerzeugung. Bis zur Jahrhundertwende wird sich die Nutzung der Kernenergie nach Ansicht der meisten Energieexperten weltweit auf etwa 50 Prozent der Stromerzeugung ausweiten, um die Lücke zwischen Bedarf und Verbrauch in der Erdöl- und Erdgasproduktion zu füllen. Darüberhinaus wird sie vermutlich zu diesem Zeitpunkt auch im großen Ausmaß für Wasserstoffproduktion und industrielle Prozeßwärme eingesetzt werden.

Die mit der Nutzung dieser neuen Energieform verbundenen Gefährdungen liegen innerhalb dessen, was in unserer technischen Zivilisation seit langem akzeptiert wird. De facto hat sich die Nutzung der Kernenergie zur Energiegewinnung wegen der strengen Sicherheitsmaßnahmen als sicher und hinsichtlich der Schadstofferzeugung als wesentlich umweltfreundlicher erwiesen, als etwa die Nutzung fossiler Brennstoffe. Auf dem Gebiet der Plutoniumhandhabung, sowie der Abfall-Endlagerung sind jedoch Sicherheitsmaßnahmen erforderlich, wie sie bisher im zivilen Bereich unüblich waren, sich jedoch im militärischen Bereich als realisierbar erwiesen haben. Darüber hinaus muß eine Kontrolle über die Abfall-Endlagerstätten über sehr lange Zeit gesichert werden.

September 1975

Einige Gedanken über Umweltaspekte der Kernenergie

V. Weisskopf

Dieser Beitrag stellt die schriftliche Wiedergabe einer Stellungnahme von Prof. Viktor Weisskopf anläßlich des internationalen Kolloquiums „Umweltaspekte der Kernenergie" dar. Die Veranstaltung fand 1975-08-28/29 in Wien statt. Herr Prof. Viktor Weisskopf erteilte seine Zustimmung zur Veröffentlichung dieses Diskussionsbeitrages.

Wiedergabe aus dem Protokoll

Als letzter Redner bin ich natürlich in einer etwas schwierigen Situation, denn die meisten Argumente wurden bereits von meinen Kollegen erwähnt. Ich möchte gleich damit anfangen, zu sagen, daß ich weder pronuclear noch antinuclear bin oder gewesen bin. Ich stehe ungefähr in der Mitte.

Wie Herr Häfele ja sehr klar dargeboten hat, sind wir heute in einer sehr schwierigen Lage. Selbst wenn wir unseren Energieverbrauch nicht erhöhen, sondern sogar wenn wir ihn vermindern, wird Öl bald nicht mehr vorhanden und bald nicht mehr zu bekommen sein. Und wir können neue nicht-nukleare Quellen nicht so rasch fertigstellen, wie es ja meine Vorredner bereits gesagt haben. Selbst Kohle, obwohl es sich um eine bekannte Methode handelt, in größerem Ausmaß in Gebrauch zu bringen, und Kraftwerke zu konstruieren, die auch umweltfreundlich sein müssen, ist eine Entwicklung, die wieder 15 bis 30 Jahre braucht. Natürlich müssen wir schon jetzt anfangen, uns darum zu kümmern.

Daher glaube ich, daß wir ohne Kernkraftwerke in den nächsten 20 bis 30 Jahren nicht auskommen können. Aber wir müssen natürlich vorsichtig sein. Ich möchte das Problem ein bißchen skizzieren.

Erstens einmal möchte ich feststellen, daß ein Reaktor, sagen wir eine kleine Anzahl von Reaktoren, eine relativ kleine Gefahr darstellen. Ein Reaktor ist keine Bombe, kann selbst unter den ärgsten Umständen nicht explodieren wie eine Atombombe explodiert. Im normalen Betrieb hat ein Reaktor keinen abnormal ungünstigen Einfluß auf die Umwelt. Die Radioaktivität eines Reaktors im normalen Betrieb ist vernachlässigbar gegenüber dem allgemeinen Hintergrund.

Aber, wie ich mit meinen Vorrednern übereinstimme, sind die Reaktoren noch nicht genügend entwickelt. Viele Probleme der Sicherheit und der chemischen Wiederaufbereitung sind noch nicht und in vieler Hinsicht erst teilweise gelöst.

Ich persönlich glaube, daß so wie wir es in Amerika im Moment haben, wo ungefähr 2 oder 2,5 Prozent durch Kernenergie gewonnen werden, die Gefahren des Reaktors relativ zu den Gefahren der anderen Energieproduktion nicht besonders ins Gewicht fallen. Aber, wenn wir das Programm, wie es vor einigen Jahren aufgestellt wurde, durchführen, kommen wir in Verhältnisse, die uns bedenklich machen müssen. Denn, wenn man dann, sagen wir, von den 40 bis 50 Reaktoren (ich spreche jetzt von Amerika) auf 1000 Reaktoren geht, ist der Gefahrenmoment natürlich dementsprechend erhöht.

Jede technische Neuheit bedarf dauernder Fortentwicklung und Verbesserung. Die Ausnützung darf sich nicht zu rasch entwickeln damit die älteren weniger geeigneten Modelle nicht so viel Verbreitung finden.

Je weiter die Forschung und Entwicklung technischer Feinheiten und Erfahrungen geht, umso kleiner wird die Wahrscheinlichkeit einer Katastrophe, eines Unglücks, eines Versagers. Mit der Zeit, wenn die Forschung richtig betrieben wird, dann wird die Sicherheit langsam steigen. Nun muß man aber aufpassen, daß die Anzahl der Reaktoren nicht zu stark anwächst bevor noch die richtigen Sicherheitsmaßnahmen erfunden wurden. Mit anderen Worten: das Produkt aus der Wahrscheinlichkeit einer Katastrophe mal der Anzahl der Reaktoren muß abnehmen, so wie es übrigens bei den meisten industriellen Entwicklungen war. Um ein Beispiel zu nennen: beim Flugzeugbau haben sich die Sicherheitsmaßnahmen so entwickelt, daß trotz der Vergrößerung der Anzahl der Flugzeuge das Gesamtrisiko heruntergegangen ist.

Die Umstände zwangen uns die Entwicklung der Kernkraftwerke weiter zu führen, aber wir dürfen die Anzahl der Kernreaktoren nicht zu rasch anwachsen lassen, so daß wir Zeit haben, Erfahrungen zu sammeln, richtige Experimente zu machen, die oft teuer genug sind und Zeit beanspruchen; wir müssen das Geld dafür aufbringen und wir müssen die Kritik der Öffentlichkeit wirken lassen.

Hier möchte ich ganz speziell auf die Wirksamkeit der Union of Concerned Scientists hinweisen, deren Direktor hier bei uns ist. Ich glaube, daß diese Union eine wertvolle und gesunde Arbeit geleistet hat. Dadurch, daß sie die Öffentlichkeit, nicht nur die Laienöffentlichkeit, sondern auch die Öffentlichkeit der Wissenschafter und Fachleute auf die Gefahren und auf die Fehler hingewiesen hat, die tatsächlich in der Entwicklung der amerikanischen Reaktorindustrie stattgefunden haben.

Die Kritik der Öffentlichkeit ist ein sehr wichtiger Faktor, denn die Interessen der Industrie sind natürlich nicht unbedingt in erster Linie an der Sicherheit interessiert, sondern hauptsächlich an der billigen Produktion von Energie.

Wie Herr Alfven hingewiesen hat, enthält die Reaktorfrage noch ein weiteres Problem, nämlich die unvermeidliche Erzeugung von Plutonium. Plutonium ist das Rohprodukt der Atomwaffen. Daher haben wir hier noch einen weiteren Grund, die Entwicklung und den Betrieb der Reaktoren unter öffentliche Aufsicht zu setzen, auch im internationalen Sinn. Ich glaube, daß wir uns nur dann halbwegs sicher fühlen können, wenn ein gewisses Maß, und zwar ein größeres Maß als heute, von internationaler Verwaltung der Kernprodukte und der Kernmaterialien vorhanden ist. Die Wiener Internationale Agentur hat das als Aufgabe, und meiner Meinung nach und sicher auch nach der Meinung vieler anderer Leute müßte diese Kontrolle noch in viel stärkerem Maße stattfinden.

Ich möchte nicht zu viel Zeit von der Diskussion wegnehmen. Zusammenfassend möchte ich sagen, daß die Gefahren der Kernkraftwerke, im Laufe weiterer technischer Entwicklungen vermindert werden können auf ein Maß, wie wir es bei anderen Energiequellen und industriellen Aktivitäten gewohnt sind.

Das bedarf aber einer langsamen Entwicklung. Nach meiner Ansicht und nach der Ansicht vieler meiner Kollegen ist die Entwicklung, die für Amerika vorgesehen ist wohl viel zu rasch. Ich bin weniger über die europäischen Verhältnisse orientiert.

Die normale technische Entwicklung wird es möglich machen, die Rückstände in der Sicherheit, in Problemen der chemischen Wiederaufarbeitung, in den Problemen der Aufbewahrung der radioaktiven Stoffe zu lösen. Ich bin allerdings etwas skeptischer im Bezug auf die Lösung des Problems der Plutoniumkontrolle; das ist ein politisches Problem. Wenn wir genügend langsam vorgehen, können wir die technischen Probleme lösen. Wenn wir aber den Bau von Kernkraftwerken vollständig stoppen, wenn das überhaupt möglich ist, dann würden wir, wie ich es vorhin gesagt habe, in unmittelbarer Zukunft in Schwierigkeiten mit der Energieversorgung kommen. Außerdem würde ein vollständiges Moratorium der Reaktorkonstruktion sich negativ auf die weitere Entwicklung der Sicherheitsmaßnahmen auswirken.

Das wichtigste nach meiner Ansicht ist die Wachsamkeit und die Kritik der technischen und der Laienöffentlichkeit. In dieser Hinsicht haben die letzten drei, vier Jahre einen großen Fortschritt gebracht. Diese Diskussion ist ein Beispiel, die Existenz und die Aktivitäten der Union of Concerned Scientists ist ein Beispiel und ich bin überzeugt, daß es ähnliche Organisationen auch in Europa und an anderen Orten gibt und geben wird. Ich hoffe also, daß die Entwicklung dann in die richtigen Bahnen geleitet wird.

Natürlich bin ich nicht so optimistisch, um eine Diagnose und Prognose zu machen, aber ich sehe die Möglichkeiten einer solchen Entwicklung und ich möchte auch meiner Meinung Ausdruck geben, daß auf lange Sicht die Kernenergie unter keinen Umständen die Hauptproduktionsmethode der Energie sein soll. Es ist immer schlecht, selbst abgesehen von den speziellen Schwierigkeiten der Kernenergie, wenn die Welt sich auf eine Energiequelle konzentriert. Heute haben wir das leider fast schon getan, nämlich mit Öl, daher bin ich wie alle meine Kollegen unbedingt und ganz entschieden dafür, die anderen Energiequellen zu entwickeln, auch die anderen Kernenergiequellen wie z. B. die Fusion.

Außerdem möchte ich auch sagen, daß das, was wir heute als einen Kernreaktor bezeichnen, wahrscheinlich ziemlich verschieden ist von dem, was man, sagen wir in fünfzig Jahren als Kernreaktor bezeichnen wird. Es gibt Kernreaktoren und Kernreaktoren. Wie sich alles in der Technik entwickelt, wird sich auch dies entwickeln und verbessern.

Daher: Öffentliche Kritik, öffentliche Überwachung, internationale Kontrolle, am besten internationale Verwaltung wegen der großen Plutonium- und Bombengefahr. Ich glaube, ich bin im allgemeinen immer optimistisch, daß wir diese Schwierigkeiten überwinden werden und daß wir in dreißig bis fünfzig Jahren eine mehr diversierte und international überwachte Weise der Energieproduktion haben, so daß wir uns auf viele Methoden verlassen können und nicht nur auf eine.

Entwicklung und Deckung unseres Energiebedarfes

C. F. von Weizsäcker

1. Fossile Energieträger

1. 1. Vorräte

Die fossilen Energieträger können den heutigen Energiekonsum — und erst recht einen noch wachsenden — nur für eine Zeitspanne decken, die kurz genug ist, uns zu veranlassen, heute Anstrengungen zur Bereitstellung von Alternativen zu machen. Es ist zur Beurteilung dieser Anstrengungen nützlich, sich die geschätzten Zeitskalen zu vergegenwärtigen.

Die 1972 nachgewiesenen Erdölvorkommen von 91×10^9 t reichten, um den Erdölverbrauch von 1972 für 35 Jahre aufrechtzuerhalten, die als wahrscheinlich geschätzten Vorräte von 285×10^9 t für 110 Jahre. Bei einer Wachstumsrate von 4 Prozent pro Jahr reduzieren sich beide Zahlen auf 21 bzw. 36 Jahre, bei der 1962—72 durchschnittlichen Wachstumsrate von 7,5 Prozent pro Jahr auf 18 bzw. 30 Jahre. Das Erdgas reicht nicht sehr viel länger als das Erdöl. Die geschätzten Steinkohlenvorräte der Erde von $6,7 \times 10^{12}$ t entsprächen beim gegenwärtigen Jahresverbrauch knapp 4000 Jahren, oder, wenn der gegenwärtige Energieverbrauch voll durch Kohle gedeckt werden müßte (und könnte), etwa 1300 Jahren. Bei einer Wachstumsrate von 4 Prozent pro Jahr würde diese Zeit auf 100 Jahre, bei 2 Prozent pro Jahr auf 160 Jahre verkürzt, bei 1 Prozent auf 230 Jahre. 60 Prozent dieser Kohlevorräte liegen in der UdSSR. Die Vorräte der BRD würden bei konstantbleibendem Konsum 700 Jahre reichen, bei 1 Prozent Wachstum 200 Jahre, bei 4 Prozent Wachstum 85 Jahre; die der EG ca. 350 Jahre, bei 4 Prozent Wachstum 65 Jahre.

Die Umstellung auf eine veränderte hauptsächliche Energiequelle dauert technisch nach bisheriger Kenntnis stets mehrere Jahrzehnte. Die geringste Umstellung, die uns nach den genannten Zahlen als jetzt einzuleitende zur Verfügung stünde, wäre die Rückkehr zur Kohle. Bei Fortdauer des Wachstums müßte dann jedoch in einigen Jahrzehnten der Übergang zu einer nichtfossilen Energiequelle eingeleitet werden; dabei gewinnt die Reduktion von 4 Prozent auf 1 Prozent Wachstum nur einen Faktor etwas über 2 an Zeit, Reduktion auf Nullwachstum aber einen Faktor in der Größenordnung 10. Die allgemeine Erfahrung, daß Rohstoffvorräte meist unterschätzt werden, mag die Zeitskalen bei Nullwachstum erheblich, bei den bisherigen Wachstumsraten jedoch nur unerheblich strecken.

1. 2. Umweltbelastung

Die real gegenwärtige Umweltbelastung durch fossile Brennstoffe ist heute weniger in der öffentlichen Diskussion als die befürchtete zukünftige durch Kernenergie. Mit derselben Rechnungsweise, mit der mutmaßliche Todesfälle durch freigesetzte Radioaktivität aus Kernspaltung abgeschätzt werden, wurde jedoch berechnet, daß ein 1000 MW-Kohlekraftwerk etwa 70 Menschen im Jahr durch Emission von SO_2 und anderen giftigen Stoffen töten könne. Entsprechende Schätzungen gibt es seit Jahren für die Schädigung durch die Abgase des Autoverkehrs.

In den kommenden Jahrzehnten werden zusätzlich die klimatischen Auswirkungen eine wachsende Rolle spielen. Diese sind einzuteilen in solche, die allen Energiequellen (mit der möglichen Ausnahme der Sonnenenergie; dazu Abschnitt 3. 3.) gemeinsam sind, und solche, die für fossile Brennstoffe spezifisch sind.

Allen Energiequellen gemeinsam ist die Klimabeeinflussung durch die Abwärme von Kraftwerken. Weltweit gesehen liegt die dadurch gesetzte Grenze in einer etwas ferneren Zukunft, die freilich unsere heutige Erwägung verdient; je nach klimatologischen Annahmen mag sie beim 40fachen oder 100fachen der heutigen Energiefreisetzung liegen, was bei Fortdauer des Wachstums in einer mit einem Jahrhundert vergleichbaren Zeit, vielleicht rascher erreicht würde. In Ballungsgebieten wird die Grenze früher erreicht. Eine Studie über Baden-Württemberg läßt den Schluß zu, daß dort die Grenze des Akzeptablen, zumal im Rheintal, bei gegenwärtigen Wachstumsraten in einem Jahrzehnt erreicht würde. Die von der Bürgerinitiative Wyhl vorgebrachten Argumente sind vor allem dort stark, wo sie sich nicht auf den speziellen Charakter des geplanten Kraftwerks als Kernkraftwerk, sondern auf die Klimarückwirkung durch die mit dem geplanten Energieausstoß verbundenen Kühleinrichtungen beziehen.

Den fossilen Energiequellen spezifisch ist die zunehmende weltweite Belastung der Atmosphäre mit Staub und CO_2. Bei Staub ist noch ungeklärt, ob sein Einfluß auf die Temperatur der Atmosphäre überwiegend erwärmend oder abkühlend ist. (Absorption oder Rückstreuung des Sonnenlichts); so gut wie sicher ist der Effekt der Größenordnung, die klimatologisch nicht mehr vernachlässigt werden darf. CO_2 wirkt eindeutig im Sinne einer Erwärmung (Treibhauseffekt: kurzwellige Strahlung wird herein-, langwellige nicht wieder hinausgelassen).

Die gleichmäßige Zunahme des CO_2-Gehaltes der Atmosphäre im Einklang mit Modellvoraussagen ist in den letzten Jahren eindeutig nachgewiesen worden (3 Prozent in 10 Jahren). Selbst bei Fortdauer der heutigen Menge der Verbrennung fossiler Energieträger, erst recht aber bei deren weiterem Wachstum ist sehr ernstlich mit der Möglichkeit zu rechnen, daß im kommenden Jahrhundert eine tiefgreifende Klimaänderung auf der Erde geschieht, die die Bewohnbarkeit der bisherigen Kulturzonen in Frage stellt und an der dann selbst ein drastischer Rückgang der Verbrennungsvorgänge nichts mehr ändern könnte.

2. Kernspaltung

2.1. Vorräte und Einsetzbarkeit

Die Abschätzung der Zeitdauer, für welche die Vorkommen an spaltbarem Material (Uran oder Thorium) den Energiebedarf decken können, hängt von zwei Faktoren ab: dem Preis, den man für die Gewinnung aus ärmeren Erzen zu zahlen bereit sein wird, und der Entscheidung über den Einsatz von Brütern. Für die heutigen Preise, ohne Brüter, reicht das Uran nicht länger als Erdöl und Erdgas. Ein steigender Energiepreis würde aber die Ausbeutung der ärmeren Vorkommen rentabel machen. Es ist sehr schwer, heute abzuschätzen, wo hier, bei der unbekannten Wirtschaftslage künftiger Jahrzehnte, die Grenze der Rentabilität liegen wird. Man ist wohl nicht leichtsinnig, wenn man eine Reichweite der Kernenergie ohne Brüter von etwa 100 Jahren bei einer Wachstumsrate von 2 Prozent für gesichert hält.

Wenn Brüter erfolgreich, rentabel und sicher sind, so werden sie den Zeitraum um einen Faktor der Größenordnung 100 strecken. Sie würden dann für den Zeitraum, für den wir planen können, das Energieproblem, wenigstens für Kraftwerke, lösen.

2.2. Umweltbelastung

Aus diesem Bereich kommen die heute hervortretenden Besorgnisse. Ich habe eine mündliche Befragung von Experten über dieses Thema nach folgendem Schema unternommen: Wie ist die Sicherheit von

a) heutigen Leichtwasserreaktoren,
b) Weiterentwicklungen (insbesondere Brennstoffwiederaufarbeitung,
   Brüter),
c) Endversorgung des radioaktiven Abfalls („Entsorgung"),
und zwar
A) im normalen Betrieb,
B) gegen technisch bedingte Unfälle,
C) gegen Sabotage,
D) im Krieg?

Aa. Heutige Reaktoren im Normalbetrieb

Es besteht so gut wie allgemeine Übereinstimmung, daß sie wesentlich umweltfreundlicher sind als durch Verbrennung fossiler Stoffe betriebene
Kraftwerke. Die verbleibenden radioaktiven Emissionen sind weit unter
den normalen Schwankungen der natürlichen Radioaktivität, von denen
bisher ein Einfluß auf die Gesundheit nicht hat nachgewiesen werden können. Die Wärmebelastung der Umwelt teilen sie mit den fossilen Kraftwerken. Nur wegen des schlechteren Wirkungsgrades (etwa 33 Prozent
verglichen mit etwa 40 Prozent) erzeugen Kernkraftreaktoren pro nutzbare Kilowattstunde etwa 20 Prozent mehr Abwärme als fossile Kraftwerke.

Ab. Brennstoffwiederaufbereitung im Normalbetrieb

Wir betreten hier den Bereich von Zukunftsplanungen. Niemand würde die
Behauptung wagen, alle diesbezüglichen Sicherheitsprobleme seien gelöst.
Man sieht keine grundsätzlich unlösbaren Aufgaben, hat aber heute wohl
ein kritischeres Empfinden für die Anforderungen als noch vor einigen
Jahren. Die Rückwirkungen der Sicherheitsvorkehrungen auf die Kosten
werden fühlbar, aber nicht prohibitiv sein.

Ac. Endversorgung im Normalbetrieb

Die Auffassung in den USA wächst, der bisherige Plan, die Rückstände mehrere Jahrzehnte oberirdisch zu lagern, solle aufgegeben werden. Das beste
Programm für die Endlagerung zu finden, ist noch Gegenstand ausführ-
licher Untersuchungen. Das Einschmelzen der nach jahrzehntelanger Zwi-
schenlagerung verbleibenden langlebigen Strahler in Keramik oder Glas
und deren Unterbringung in tiefen Salzlagerstätten erweckt die vielleicht
nicht unbegründete Hoffnung, ein im Normalbetrieb sicheres Verfahren zu
sein.

Hierüber liegt eine sehr ausführliche Studie, der sog. Rasmussen-Bericht, vor. Man stößt dabei auf das grundsätzliche Problem der richtigen Einschätzung eines mit sehr geringer Wahrscheinlichkeit eintretenden sehr grossen Schadens („Hypotheticality", W. Häfele). Die 10^{10} Curie Radioaktivität in einem 1000 MW-Leichtwasserreaktor könnten, wenn sie über eine Millionenstadt verbreitet würden, einen großen Teil ihrer Bevölkerung töten oder schwer verletzen und würden die Stadt für lange Zeit unbewohnbar machen. Die numerische Angabe der sehr geringen Wahrscheinlichkeit eines solchen Ereignisses bleibt immer ein wenig Phantasiespiel. Die in die Abschätzung eingehenden qualitativen Überlegungen sind vor allem die folgenden: Das populäre Bild eines „explodierenden", Radioaktivität verstreuenden Reaktors entspricht keinem uns als möglich bekannten Vorgang. Der größte anzunehmende Unfall ist das Durchschmelzen des Reaktorkerns beim Versagen des doppelt gesicherten Kühlungssystems und das, dann noch immer unwahrscheinliche Sich-Herausfressen der geschmolzenen Masse durch die Betonwände ins Freie. Der Vorgang wird als sehr unwahrscheinlich angesehen, und es wird ferner angenommen, daß die herausgetretene Masse im wesentlichen an Ort und Stelle liegenbliebe und nicht durch die Atmosphäre verbreitet würde. Die Folge wäre ein erheblicher, aber durchaus begrenzter Schaden.

Es ist klar, daß die Abschätzung so komplizierter Vorgänge, die noch nie jemand in der Wirklichkeit beobachtet hat, auch bei größter Sorgfalt in vielen Einzelheiten kontrovers bleiben kann. Deshalb seien hier, also eher zur Schilderung der Diskussionsatmosphäre, ein paar unzusammenhängende Einzelheiten berichtet.

Im Frühjahr 1975 fand in Brown's Ferry ein Reaktorbrand statt, weil eine leichtfertig entzündete Kerze das Isolationsmaterial von Leitungen in Brand gesteckt hatte. Menschen sind nicht zu Schaden gekommen; der materielle Verlust wird auf 200 bis 300 Millionen Dollar und anderthalb Jahre Betriebsausfall geschätzt. Die einhellige Reaktion der Experten war doppelseitig: 1. Es gibt immer noch Unfallursachen, die uns vorher nicht eingefallen waren. 2. Der Operator, der die Nerven behalten hat, hatte letztlich hinreichend Mittel, um eine Katastrophe zu vermeiden, obwohl mehrere Sicherheitssysteme zerstört waren.

Die Größe der möglichen Katastrophe wird mit der Größe anderer Risiken verglichen, welche die heutige Technik akzeptiert. Ein Bruch des Folsom-Staudamms oberhalb der Stadt Sacramento in Kalifornien würde 260.000 Menschen töten; die technische Wahrscheinlichkeit genau dieses Dammbruchs wird wegen der hohen Erdbebenwahrscheinlichkeit in Kalifornien als 1 in 100 Jahren, angesehen. Vielleicht ist der Beschluß dieses Dammbaus, obwohl nach ausdrücklicher Befragung der Bevölkerung, objektiv leichtfertig gefaßt worden. Wir dürfen uns aber nicht darüber täuschen, daß die heutige technische Zivilisation noch viele ähnliche Leichtfertigkeiten duldet.

In einer Pechblendenlagerstätte in Oklo, Gabon (Afrika) hat man Überreste von zwei oder drei „natürlichen Reaktoren" entdeckt, die dort vor etwa 2 Milliarden Jahren über einen Zeitraum von 500.000 Jahren hinweg „in Betrieb" waren; damals war die Konzentration von U-235 nicht wie heute 0,7 Prozent, sondern 3 Prozent, so daß natürliches Uran mit leichtem Wasser eine Kettenreaktion aufrechterhalten konnte, die natürlichen Reaktoren produzierten fünf Tonnen Spaltprodukte, davon zwei Tonnen Plutonium 239. Es scheint, daß die Spaltprodukte an Ort und Stelle liegen blieben. Außer dieser (begrenzten) physischen Beruhigung scheint es manche Physiker zu beruhigen, daß Kernspaltung ein naturgeschichtlich normaler Prozeß und nicht nur Menschenwerk ist.

So komplizierte Untersuchungen wie der Rasmussen-Bericht müssen, trotz des damit verbundenen erneuten Arbeitsaufwandes, von anderer Seite überprüft werden. Die American Physical Society hat drei ihrer angesehensten Mitglieder, H. Bethe, W. Panofsky und V. Weisskopf, mit einer solchen Überprüfung beauftragt, die sie im April 1975 der Washingtoner Jahrestagung der Gesellschaft vorgelegt haben. Der Text ist noch nicht in meiner Hand. Nach einem Zeitungsbericht haben sie an den Sicherheitsvorkehrungen und -abschätzungen im heutigen Stadium und für die kurzfristige Entwicklung nichts auszusetzen, halten aber für eine langfristige Entwicklung in der sehr viele Reaktoren im Land stünden, das Sicherheitsrisiko noch nicht für niedrig genug. Andere Reaktortypen und andere Energiequellen wurden nicht verglichen; „we studied risks, we didn't study benefits".

Bb. Technische Unfälle bei weiteren Entwicklungen

Die Sicherheitsschätzungen sind hier bei weitem nicht so weit getrieben wie bei den Leichtwasserreaktoren. Eine typische Überlegung die man zu hören bekommt, ist etwa die folgende: „Es wäre die logische Reihenfolge, erst gewisse Ergebnisse aus der Fast Flux Test Facility in Hanford abzuwarten, ehe man mit dem Bau des Brüterkraftwerkes in Tennessee fortschreitet. Man muß hier gegeneinander abwägen den möglichen, aber unwahrscheinlichen und jedenfalls begrenzten Schaden einer Katastrophe einiger voreilig gebauter Brutreaktoren gegen die schwerwiegende Folgen sozialer Instabilität wegen des Zahlungsbilanzdefizits der USA durch die Energieimporte."

Ein hier zu nennendes Problem ist die Giftigkeit von Plutonium. Man trifft bei den Fachleuten einhellig ein gewisses Erstaunen über die aktuelle Erregung des Publikums in diesem Punkt. Eine Reihe von Mitarbeitern in Los Alamos haben Plutonium inkorporiert und leben damit seit 30 Jahren ohne erkennbaren Schaden; einige haben bis zu 400.000 „heiße" alphastrahlende Teilchen in der Lunge, ohne Lungenkrebs zu bekommen. Ein einziger bekam Lungenkrebs, aber nicht an einer Stelle, an der ein „heißes" Teilchen saß. Niemand leugnet die chemische und radioaktive Gefährdung dieser strahlenden Schwermetalle, aber man hält die Aufgabe einer adäquaten Risikosenkung für durchaus lösbar.

Bc. Technische Unfälle bei der Endversorgung

Das Beunruhigende an diesem Problem ist nicht die technische Lösung selbst, die man für möglich hält (s. Ac.), sondern die Abwälzung des verbleibenden Risikos auf künftige Generationen, über etwa 1000 Jahre. „Ein gewisses Minimum an Überwachung der Endlagerstätten wird immer nötig sein" (Weinberg).

A und B. Rückblick auf die technischen Gefahren

Die Vermutung mit der ich in diese Gespräche eingetreten bin, hat sich auch als die Ansicht meiner Gesprächspartner erwiesen: daß es für erkannte technisch verursachte Gefahren im allgemeinen auch einen technisch möglichen Weg der relativen Sicherung gibt. Eine Schwierigkeit ist, die Gefahren rechtzeitig zu erkennen. Die Entwicklungsgeschichte der technischen Zivilisation ist in früheren Zeiten langsam genug verlaufen, um ein Lernen aus Erfahrungen zu ermöglichen. Die Brücke über den Tay war zu schwach; sie ist mit einem fahrenden Eisenbahnzug bei Sturm ins Meer gestürzt und viele Menschen kamen ums Leben; seitdem hat man Brücken stabiler gebaut. Die heutige Technik verdankt ihren Erfolg z. T. ihrer Fähigkeit, vieles, statt es durch Versuch und Irrtum zu lernen, vorweg theoretisch zu entwerfen; Reaktor und Atombombe haben beim ersten Versuch funktioniert. Damit schafft die heutige Technik riskantere Konstruktionen und größere Gefahren beim Versagen. Weinberg sieht ein „Faustian bargain" in „an arrangement in which man promises meticulous and persistent attention to detail in exchange for an inexhaustible and, in principle, an non-polluting energy source" (l. c. S . 2). Dem Kenner der Faust-Sage möchte scheinen, daß der bedeutende Reaktorphysiker hier den Teufel verharmlost, wenn er seinen Anspruch auf Faust's Seele auf die Sorgfaltspflicht einschränkt; es sei denn der Teufel wisse, daß der Mensch solche Sorgfalt nicht durchhält.

In der technisch-ökonomischen Ebene diskutierbar sind die preislichen Folgen der Sorgfaltspflicht. Sowohl Sicherheitsvorkehrungen wie die erwünschte

Langsamkeit der Einführung einer im großen noch unerprobten Technik steigern den Preis. Man hört klagen, der Bau von Kernkraftwerken werde unrentabel. Man kann bei amerikanischen Fachleuten — für USA eine erstaunliche Reaktion — den Gedanken hören, es sei ein Fehler gewesen, die Kernenergie zu privatisieren; die einzige Garantie einer zugleich stabilen und behutsamen Weiterentwicklung liege in einer Wiederverstaatlichung.

Ein technischer Vorschlag, der an Boden gewinnt, ist die Zusammenfassung der Kernenergieanlagen in „nuklearen Parks". Vor allem für fortgeschrittene Techniken, welche z. B. Transport von gebrauchten Brennstoffelementen zur Wiederaufbereitung verlangen, würde dies zweifellos die Risiken geographisch stark einschränken und die Kontrolle vereinfachen. Dazu gehört dann natürlich die Entwicklung der Technik des Energietransports, auf die hier nicht eingegangen sei.

Ca. Sabotage an heutigen Kernkraftwerken

Die Sorge vor Sabotage wird von den Experten nicht geleugnet, aber durch die Bemerkung relativiert, daß sich, bei geeigneten Sicherheitsmaßnahmen im nuklearen Bereich, lohnendere Ziele für Terroristen finden lassen als die Kernenergieanlagen. Dies gelte insbesondere für die heutigen Reaktoren. Durch Einwirkung von außen ist ein ernstlicher Reaktorunfall kaum zu erzeugen (außer durch Atomwaffen, vgl. Da.). Gegen bewaffnetes Eindringen aber seien Reaktoren durch Polizei zu schützen. Die Sabotage-Szenarios meiner Gesprächspartner machten mir freilich im ganzen den Eindruck, nur das Modell von Gangstern in einer im übrigen funktionierenden Gesellschaft und nicht von Revolutionären in einer allgegenwärtigen Krise vor Augen zu haben. Die Erörterung der Möglichkeit, daß die Belegschaft des Reaktors nicht wie bei Brown's Ferry richtig reagiert, sondern in Panik flieht, führte zu dem Postulat, letztlich das Sicherheitssystem zu automatisieren, was technisch machbar wäre. Was geschähe, wenn die Reaktorbelegschaft selbst revolutionär agierte wurde nicht ausdiskutiert.

Der hauptsächliche und wohl zutreffende Trost war der technische, daß auch ein großer Reaktorunfall eine begrenzte Katastrophe bleibt, und das Katastrophen solcher Größenordnung in der heutigen technischen Zivilisation auch auf andere Weise erzeugt werden können.

CB. Sabotage an weiterentwickelter Kerntechnik

Das meistbesprochene Problem war hier die Entwendung von Plutonium. Dies berührt sich mit dem Nichtverbreitungsvertrag für Kernwaffen. Nicht nur die Gefahr der faktischen Entwendung von Plutonium wurde ernstgenommen, sondern auch die Gefahr, daß Terroristengruppen mit der falschen Behauptung bluffen, sie seien im Besitz von Plutonium und von daraus gebauten Kernwaffen. Man ist überzeugt, die Spaltstoffflußkontrolle müsse so verfeinert werden, daß das Fehlen eines Kilogramms Plutonium bemerkt und lokalisiert würde. Dies setzt der technischen Weiterentwicklung eine schwierige, aber wohl nicht unlösbare Aufgabe.

Gewisse Relativierungen dieser Gefahr dürfen jedoch nicht vergessen werden. Der ehemalige Kernwaffenkonstrukteur Ted Taylor hat unlängst vor selbstgebastelten Plutoniumbomben von subversiven Gruppen öffentlich gewarnt. Meine Gesprächspartner hielten aber die mechanischen Schwierigkeiten dieser Arbeit für groß und den Wirkungsgrad einer solchen Bombe für begrenzt. Es fragt sich, ob solche Gruppen nicht müheloser andere Waffen bauen oder allenfalls fertige Atomwaffen stehlen. Für Staaten schließlich liegt das politische Interesse in vielen Fällen letztlich nicht im heimlichen Besitz von Atomwaffen, sondern gerade in der politischen Wirkung einer öffentlichen Erklärung dieses Besitzes, der stabiler durch eigene Produktion zu erreichen sein dürfte.

Alle derartigen Relativierungen zeigen nicht, daß in der heutigen Welt keine Gefahren bestünden, sondern daß die Durchführung oder Vermeidung der Kernenergieproduktion diese Gefahren zwar beeinflussen, anscheinend aber nicht in ihrer Größenordnung verändern würde.

Cc. Sabotage an der Endversorgung

Endlagerstätten, auch unterirdische, bleiben normalerweise zugänglich. Die Meinung greift um sich, daß sie grundsätzlich militärisch bewacht werden sollten. Gegen dieses Räuber- und Gendarm-Szenario lassen sich dieselben skeptischen Fragen erheben wie oben (Ca.). Vermutlich ist auch hier das technische Argument stärker, daß die radioaktiven Klötze sehr strahlengefährlich und zugleich mechanisch schwer sind, also dem Räuber eine sehr unerfreuliche und gefährliche Transportaufgabe stellen, wofür er dann doch nur mit einem begrenzten erzielbaren Effekt belohnt würde.

Eine Sicherung gegen fast jeden denkbaren Wiederzugriff wäre die Versorgung in tiefen Salzlagern, in denen die Brocken wie in einer zähen Flüssigkeit versänken. Hier müßte nur vorweg hinreichende Sicherheit gegen nachträgliche Auflösung der Verpackung durch Naturprozesse gegeben sein.

Mehrfach genannt, aber nie ernstlich vorgeschlagen wurde auch der Gedanke, die Abfälle in den Weltraum zu schießen.

Da. Normale Reaktoren im Krieg

Alle bisher besprochenen Fälle ergeben zwar z. T. Gefahren, deren Vermeidung als gesellschaftliche Pflicht anerkannt werden muß, aber, solange die

Sicherheitsvorschriften beim Bau richtig geplant sind und eingehalten werden, keine Existenzbedrohung für eine Nation oder die Menschheit. Die Drohung einer solchen Gefahr liegt hingegen unmittelbar und heute schon in der Möglichkeit eines nuklearen Krieges. Die Frage des Verhältnisses von Reaktoren und Krieg kann daher nur lauten, ob durch den Bau von Reaktoren, zumal in großer Zahl, die durch einen Krieg drohende Gefahr erkennbar oder gar fundamental vergrößert wird.

Die Fachleute in USA sind dieser Frage gegenüber im allgemeinen skeptisch. Das wesentliche Argument ist, wer das Land zerstören wolle könne es auch, und einfacher, mit Bomben zerstören. Die Reaktoren werden heute mit soviel Beton überdeckt, daß selbst der Abwurf einer konventionellen Bombe oder der Absturz eines Flugzeuges genau auf die Betondecke diese nicht durchschlagen würde. Eine nukleare Bombe könnte freilich die Decke zerstören, und ich weiß nicht, ob die Behauptung zutrifft, daß eine zweite nukleare Bombe nötig wäre, um den Reaktor zum Verdampfen zu bringen. Damit würde sehr viel Radioaktivität über das Land verbreitet. Hier aber wird nun gesagt, wer die Bomben habe, welche die Reaktoren zerstören können, der habe auch Bomben, die ohne so genau zielen zu müssen, ebensoviel Radioaktivität direkt über das Land verbreiten würden. Freilich erzeugen Reaktoren wesentlich mehr langlebige Radioaktivität als die üblichen Bomben.

In diesem Argument steckt jedoch zudem, seinen Vertretern meist unbewußt, die Voraussetzung der strategischen Situation der USA. Das Land ist ausgedehnt und kann Reaktoren so lokalisieren, daß sie fern von strategisch wichtigen Punkten und Bevölkerungszentren liegen; ferner ist das einzige heute plausible Kriegsszenario, das das Territorium der USA einbezieht, eines, bei dem ohnehin große („strategische") Kernwaffen gegen das Land eingesetzt würden. Es bedarf zum mindesten der Überprüfung, ob dieselben Folgerungen auch für ein dichtbesiedeltes mitteleuropäisches Industrieland gelten, wenn das Militärbündnis dem es angehört, eine Strategie der flexiblen Reaktionen hat. In einem Bewegungskrieg mit taktischen Atomwaffen in unserem Land könnte man einen von vielen Reaktoren u. U. auch dann einmal treffen, wenn man nicht auf ihn gezielt hätte. Es ist also für Strategien der Schadensbegrenzung einerseits, Nuklearisierung der Energieproduktion andererseits in der Tat zu prüfen, ob sie miteinander vereinbar sind.

Db. Weiterentwickelte Kerntechnik im Kriege

Hier gilt nichts prinzipiell anderes. Hält man einen modernen Bewegungskrieg, auch von kurzer Dauer, in unserem Lande überhaupt für möglich, so legt sich der Gedanke sehr nahe, Kernenergie grundsätzlich in nuklearen

Parks, womöglich außerhalb der Landesgrenzen, etwa auf See, zu erzeugen (ein Vorschlag von W. Häfele, vgl. unten). Ein ganz anderer Aspekt ist die Vermehrung der Chancen von Ländern, die heute nicht Atomwaffenbesitzer sind, in den Besitz von Plutonium zu kommen und eigene Atomwaffen zu entwickeln. Man versucht, zumal gegenüber Ländern, die den Kernwaffen-Nichtverbreitungsvertrag (NV-Vertrag) nicht unterzeichnet haben, dem dadurch zu begegnen, daß man ihnen nur fertige Raketen, aber nicht das Know-How verkauft oder sie veranlaßt, sich den im NV-Vertrag vorgesehenen internationalen Kontrollen zu unterwerfen. Nun sind alle diese Verträge, auch der NV-Vertrag selbst, kündbar, die Verbreitung von Materialien und Kenntnissen aber ein voraussichtlich unumkehrbarer Vorgang. Es dürfte daher mit diesen vorweg vorgenommenen Rüstungsbeschränkungen nicht anders stehen als mit der Abrüstung: sie sind genau dann durchführbar, wenn die Kriegsmittel, auf die hier verzichtet wird, für den Verzichtenden ohnehin schwer erreichbar oder nicht von vitalem Interesse sind. Die Politik des NV-Vertrages hat ihren völlig vernünftigen Sinn darin, den Prestige-Erwerb von Kernwaffen zu erschweren und Zeit zu gewinnen. Wir dürfen uns aber nicht darüber täuschen, daß eine viel tiefergreifende Änderung des weltpolitischen Systems, für welche nach dem ursprünglichen NV-Konzept Zeit gewonnen werden sollte, eine Änderung, welche die rechtliche und materielle Möglichkeit der Kriegsführung weltweit drastisch einschränken sollte, nicht in Sicht ist. Man muß sich heute auf die Hoffnung beschränken, es liege nicht im Interesse der Staaten, in ihren Konflikten Atomwaffen einzusetzen.

Dc. Endversorgung im Krieg
Wenn sie tief unterirdisch gemacht wird, so stellt sie vielleicht im Krieg kein größeres Problem dar.

C. und D. Rückblick auf die menschlichen Gefahren
Die hier gewählte Reihenfolge: Normalbetrieb, technische Unfälle, Sabotage, Krieg, dürfte eine Folge wachsender Gefährlichkeit auch für die friedliche Nutzung der Kernenergie darstellen. Erkannte technisch verursachte Gefahren verlangen technische Mittel der Abhilfe, menschlich verursachte Gefahren verlangen letzten Endes menschliche Mittel. Außer dem nur für einige Eventualfälle zureichenden Mittel des Polizeischutzes wußten meine Gesprächspartner kein menschliches Mittel anzugeben. Ihre Argumente hatten durchgehend den vermutlich zutreffenden Technischen Charakter, die besondere technische Beschaffenheit der Kernreaktoren mache es wahrscheinlich, daß Terroristen und kriegsführende Staaten im Ernstfall zu anderen, von der heutigen Technik und Wissenschaft bereitgestellten Mitteln der Zerstörung greifen würden. In den beiden Fällen der Nato-Strategie flexibler Reaktionen und der Nichtverbreitung von Kernwaffen kann dieses Argument jedoch noch nicht als evident angesehen werden.

3. Andere Primärenergieträger

3. 1. Allgemeines

Kohle und Kernspaltung sind die einzigen Alternativen für Erdöl und Erdgas, die, soweit technische Argumente tragen, in einigen Jahrzehnten mit Sicherheit zur Verfügung stehen können, freilich nur, wenn die Vorbereitungen dafür jetzt getroffen werden. Man kann aber heute mit guten Gründen, freilich nicht mit Gewißheit, vermuten, daß Kernfusion und Sonnenenergie in einigen Jahrzehnten diejenige technische Reife erreicht haben werden, die sie ebenfalls als Alternativen in der großtechnischen Energiegewinnung anbieten würde. Als weitere Möglichkeit wird die geothermische Energie erwogen, doch ist die vorwiegende Meinung, sie würde quantitativ nicht ausreichen. Alle sonst bisher bekannten Energieformen wie Wasser, Wind, Gezeiten, lebende organische Materie (Holz, Algen, Dung) sind für Einzelzwecke brauchbar, bleiben aber weit hinter den quantitativen Anforderungen zurück, welche die Energiewirtschaft stellen muß, wenn sie ihr heutiges Volumen auch nur aufrecht erhalten will.

Da Kohle und Kernspaltung die geschilderten Probleme mit sich führen, wird überlegt, ob sie später abgelöst oder als Alternative ganz vermieden werden könnten. Eine historische und prospektive Studie im Internationalen Institut für Angewandte Systemanalyse (IIASA) in Laxenburg bei Wien gibt sukzessiven Energieformen eine Anstiegs- und Abstiegsphase von je ca. 50 Jahren für die Marktdurchdringung und läßt hier auf Holz, Kohle, Öl, Gas, Kernspaltung symbolisch eine Energieform „Solfus" folgen, d. h. die noch offene Option zwischen solarer oder Fusionsenergie. Dabei ist der Gedanke von Häfele, daß in den nächsten Jahrzehnten noch der Energiebedarf der leitende Gesichtspunkt der Energiepolitik sein werde, von da an aber die Umweltverträglichkeit. Wer die radikalere Forderung aufstellt, jetzt schon die Vermeidung der Umweltgefahren zum leitenden Gesichtspunkt zu machen, kann argumentieren, daß die Ankündigung des Übergangs zur „Moral" in einem zukünftigen Zeitpunkt nach menschlicher Erfahrung üblicherweise eine Ausflucht ist („morgen, morgen, nur nicht heute!"). Will man mit diesem Argument jedoch die Entwicklung der Kernspaltung überhaupt und die Verbrennung fossiler Stoffe als Hauptenergiequelle in wenigen Jahrzehnten einstellen, so wird man eine radikale Einschränkung des Wachstums des Energiekonsums wenigstens für die nächsten Jahrzehnte fordern müssen, in denen die technische Reife von „Solfus" noch nicht zu erwarten ist.

3. 2. Kernfusion

Daß die Kernfusion, die Energiequelle der Sonne und der Wasserstoffbombe eines Tages zur friedlichen, d. h. kontrollierten Energiegewinnung wird genutzt werden können, ist die herrschende Meinung der Fachleute. Die Zeitperspektive für die zwei Schwellen der großtechnischen Durchführung und der Rentabilität rechnet aber immer noch mit mehreren Jahrzehnten. Die Hoffnungen, dann einen unbegrenzt verfügbaren Brennstoff („Wasser") und eine völlig verseuchungsfreie Energieproduktion zu haben, müssen aber eingeschränkt werden. Der chancenreichste Prozeß, die D-T-Reaktion (Deuterium-Tritium), verlangt als Ausgangsmaterial neben Deuterium das nicht allzu häufige Lithium. Wenn es dann jedoch, wie vermutet, ökonomisch lohnend wird, Lithium aus Meerwasser zu extrahieren, so reicht diese Energiequelle, heutigen Konsum zugrundegelegt, für 10^5 bis 10^6 Jahre, also über unseren heutigen Planungshorizont hinaus. Die erzeugte Radioaktivität wird zwar nicht wie bei der Spaltung aus den Reaktionsprodukten sondern aus der Einwirkung der im Prozeß erzeugten Neutronen auf das Wandmaterial stammen. Nach einer gegenwärtigen Schätzung würde bei der Fusion pro erzeugte Kilowattstunde Energie etwa sechzigmal weniger und zudem kurzlebigere Radioaktivität entstehen als bei der Spaltung.

Man wird eine heutige Energieplanung weder so anlegen dürfen, daß sie auf das Eintreten der Kernfusion angewiesen ist, noch so, daß sie uns dieser Option beraubt. Die Form dieser Energieproduktion wird die des Großkraftwerks sein.

3. 3. Sonnenenergie

Genau umgekehrt als bei der Kernfusion ist bei der Sonnenenergie die technische Verwendbarkeit schon heute außer Frage. Als zusätzliche Energiequelle, z. B. für Raumheizung, verdient sie fraglos intensive Förderung. Sollte sie zu einer echten Alternative für die anderen Energiequellen entwickelt werden, so ist das Problem die rentable Verwendbarkeit im großtechnischen Maßstab. Diese Energieform ist außerdem die einzige der in großer Menge vorhandenen, die in erster Näherung keinen der bisher erörterten Umweltschäden hervorbringt. Insbesondere setzt sie in erster Näherung keine zusätzliche Wärme frei, da sie eben die eingestrahlte Sonnenwärme benutzt. Sie sollte daher jedenfalls soweit als möglich technisch entwickelt werden. Je sparsamer wir überhaupt mit Energie umgehen, desto größer kann der Anteil der Sonnenenergie auch in unserem Klima und in dicht besiedelten Gebieten sein.

Die großtechnische Nutzung stößt jedoch auf Probleme, deren Überwindung nicht gewiß und zum mindesten nach heutiger Kenntnis, erst nach Jahrzehnten der Entwicklungsarbeit zu erwarten ist. Die eingestrahlte Energiemenge reicht zwar für jeden heute vermuteten Gesamtenergiebedarf der

Menschheit aus. Doch muß die Energie dann auf sehr großen Flächen aufgefangen werden, für den heutigen EG-Energiebedarf etwa auf einem Territorium der Größe Belgiens. Die Herstellungskosten für solche Verfahren
liegen *bisher* in der Größenordnung des Hundertfachen konventioneller
Kraftwerke. Ferner entstehen naturgemäß politische Probleme, da diese
Kollektorflächen vermutlich in unbesiedelten Gebieten außerhalb der Industrielandschaft, etwa in der Sahara, liegen müßten. Schließlich ist bei so
großem Energietransfer, auch wenn er technisch gemeistert wird, das Argument klimatischer Harmlosigkeit nicht mehr automatisch richtig, da die
Energie dann anderswo freigesetzt als eingefangen wird. Das Argument
der Befürworter der großtechnischen Verwendung der Sonnenenergie ist:
Hätte man so große Mittel in die Entwicklung dieser Energieform gesteckt
wie in die Kernspaltung, so wären die genannten Probleme heute gelöst.
Das ist schwer zu widerlegen, und die Problematik aller anderen Energieformen dürfte den Anfang des Versuchs der Förderung der Sonnenenergieverwendung im Großen auch heute rechtfertigen. Doch ist mit seinem Erfolg
im Sinne einer nennenswerten Martdurchdringung nun eben erst allenfalls
in Jahrzehnten zu rechnen.

4. Energieersparnis

Alle Argumente sprechen dafür, jedenfalls so viel Energie zu sparen als
möglich. Die Frage ist nur, wie weit man damit kommen kann. Hier seien
zunächst ein paar gängige Argumente gemustert und dann in Hypothese
vorgebracht.

In Amerika taucht heute „energy conservation" schnell in jedem Expertengespräch auf. Man hält eine permanente Reduktion der jährlichen Wachstumsrate des Energiekonsums von 4 Prozent auf 2 Prozent oder 2,5 Prozent für möglich. Jedoch sind dabei zwei Besonderheiten der amerikanischen Situation zu berücksichtigen. Der amerikanische Energiekonsum pro
Kopf der Bevölkerung ist etwa doppelt so groß wie der westeuropäische,
ohne daß dem ein klar definierbarer Faktor 2 in der „Lebensqualität"
entspräche; man ist in Amerika in vielen Einzelheiten bisher mit Energie
erkennbar verschwenderischer umgegangen als bei uns (z. B. höherer Benzinverbrauch der Autos pro Kilometer, schlechtere Wärmeisolierung der
Häuser, übermäßiges Heizen im Winter, übermäßiges Kühlen im Sommer).
Zweitens haben die Vereinigten Staaten eine, wenngleich fragwürdige
Hoffnung auf Selbstversorgung im Energiebereich. Deren Sicherung („Project Independance") ist ein nationales Ziel. Man kann auch bei wohlinformierten amerikanischen Gesprächspartnern den Verblüffungseffekt registrieren, wenn ein europäischer Gast, den sie im allgemeinen als ihresgleichen
empfinden, ohne erkennbare Erstickungsgefühle bekennt, Autarkie im

Energiebereich sei für seine Nation ja jenseits jeder Denkbarkeit. Wir Europäer sind hier in der Nötigung zu weltweitem Denken weiter vorangetrieben als die Amerikaner. Freilich sollte Energieersparnis für uns darum nicht weniger vordringlich sein.

Die Ölkrise des Herbstes 1973 hatte einen sehr raschen, also offensichtlich möglichen Rückgang des Energiekonsums bis zu 12 Prozent zur Folge. Jedoch darf man daraus noch nicht zu einfache Schlüsse auf die Möglichkeit dauerhafter Energieersparnis ziehen. Zwar könnte der wenigstens teilweise eher psychologische als materielle Zusammenhang zwischen dieser vorübergehenden Einschränkung des Energiekonsums und der Wirtschaftsrezession vielleicht als Anpassungsschwierigkeit an eine neue, energiesparende Verhaltensweise gedeutet werden. Aber jedes weitere Prozent Energieersparnis dürfte neue Investitionen in veränderte Techniken erfordern die sehr teuer werden. Man vermutet, — im Laufe einiger Jahrzehnte zu realisieren — Einsparungsmöglichkeiten im Bereich der Raumheizung um 50 Prozent, vielleicht auch im Verkehrssystem. Das Gegenargument ist aber, daß damit doch, selbst von den Kosten der neuen Techniken abgesehen, nur eine vorübergehende Senkung der Wachstumsrate des Energiekonsums erreicht werde.

Dies führt uns auf die grundsätzliche Frage: wie weit darf oder muß das Wachstum des Energiekonsums denn noch gehen? Bei genauer Prüfung gerät man mit allen üblichen Argumenten zu dieser Frage ins Schwimmen. Die einzige aus der Geschichte zu rechtfertigende Extrapolation wäre, daß das Wachstum unbegrenzt weitergehen wird. Jede davon abweichende Prognose oder Forderung verlangt einen radikalen Bruch mit zweihundert Jahren Wirtschafts- und Technikgeschichte. Die im vorliegenden Referat genannten Argumente sprechen dafür, daß dieser Bruch in den kommenden Jahrzehnten notwendig sein wird. Eine solche Behauptung darf keinesfalls leichtfertig ausgesprochen werden; jede heutige Prognose über notwendige Grenzen des Wachstums hat ja viele historische Vorläufer, die seinerzeit durch die Weiterentwicklung widerlegt worden sind. Das Argument sei daher um der Überprüfbarkeit willen auf seine einfachsten Elemente reduziert. Es beruht nicht auf der Begrenztheit der Ressourcen, sondern nur auf der Umweltverträglichkeit von Energieproduktion und -konsum. Daß man hier auf Grenzen stoßen wird, ist einerseits naturgesetzlich zu erwarten. Das klimatische Problem beruht letzten Endes auf dem zweiten Hauptsatz der Thermodynamik. Aber das Radioaktivitätsproblem der Kernenergie wäre vermutlich zu meistern, wenn politisch-gesellschaftlich andere Zustände bestünden als in der Menschheit, die wir bisher kennen. Dies ist ein Beispiel für die These, daß technischer Fortschritt politisch-soziale Veränderungen nicht nur ermöglicht, sondern bei Strafe von Katastrophen, erzwingt. Für die Frage der Grenzen des Wachstums des Energiekonsums trägt diese Überlegung aber nur den Gesichtspunkt bei, daß andere noch radikalere Brüche mit unserer politisch-wirtschaftlichen Geschichte notwendig sein werden. Dieser Gesichtspunkt hat wenig Aussicht, die augenblicklichen Entscheidungen der Energiepolitik zu beeinflussen.

Bei solchen Ungewißheiten pflegt man zu Schätzungen des Energie*bedarfs* überzugehen. Eine Antwort, die man häufig hört, ist, die jährliche Energieproduktion der Menschheit müsse noch etwa um einen Faktor 20 steigen, dann könne sie stationär bleiben. Dabei wird angenommen, der Unterschied zwischen der Energieproduktion pro Kopf in den USA und im Durchschnitt der Welt (ein Faktor 6), sei nach oben anzugleichen, ein weiteres Wachstum der Weltbevölkerung um einen Faktor 2 sei vorauszusehen, und der notwendige Übergang zu weiter räumlicher Trennung von Energieproduktion und -konsum schaffe unvermeidliche zusätzliche Verluste zwischen Primär- und Sekundärenergie. Alle diese Schätzungen, so plausibel sie sind, enthalten aber die offensichtliche Komponente des Wunschdenkens. Man könnte leicht auch zu sehr viel größeren Bedarfsschätzungen kommen, wenn man nicht vorweg wüßte, daß die Bevölkerungszahl und der Energiekonsum pro Kopf irgendwo zum Stehen kommen sollen. Das eigentliche Problem ist der Mechanismus, der diesen Formen des Wachstums irgendwo Halt gebieten wird. Umgekehrt wird eben durch diese Überlegung zweifelhaft, ob das bisher schon erreichte Niveau des Energiekonsums in den Industrieländern eigentlich einem legitimierbaren Bedürfnis entspricht. Dies ist nicht nur im Sinne der verbreiteten Kritik an der Konsumgesellschaft und an der Aussagekraft des Bruttosozialprodukts pro Kopf als Wohlstandsmaß gemeint. Es betrifft auch die Frage der Struktur unserer Technik: ob nämlich ihr faktischer Energieaufwand für die Produktion der heutigen Güter technisch notwendig oder das Ergebnis einer speziellen energievergeudenden Form der Technik ist. Im nicht industriellen Bereich ist dies am offensichtlichsten.

Hier sei nun eine Hypothese ausgesprochen. Sie drückt keineswegs eine feste Meinung aus, aber die Anregung, eine Frage zu überprüfen, welche die ökonomische und technologische Fachwissenschaft anscheinend noch nicht in voller Gründlichkeit gestellt hat. Die Hypothese lautet, daß zwischen Energiekonsum und Sozialprodukt nicht aus Gründen technischer Notwendigkeit eine so enge Koppelung besteht, wie sie meist angenommen wird. Natürlich besteht in einer technischen Zivilisation mit gegebenen technischen Hilfsmitteln eine enge Korrelation zwischen dem quantitativen Wachstum des Energieverbrauchs und den irgendwie gemessenen Produktmengen, sagen wir also einfachheitshalber dem Sozialprodukt. Mit derselben Technik erzeugt man mehr nur mit mehr Energieverbrauch. Diese Trivialität genügt, um die historische Kopplung der beiden Wachstumsraten zu erklären. Aber

der Proportionalitätsfaktor hängt von den verfügbaren Techniken ab.
Diese Hypothese besagt nun, daß wir seit der Einführung der Kohle und
verstärkt seit der Verbilligung des Erdöls, also seit vielen Jahrzehnten
stets eine Technik der reichlichen Energie entwickelt haben. Technik der
Energieersparnis braucht demnach keineswegs eine Technik des Verzichts
auf Güter zu sein. Sie könnte vielmehr, um eine zunächst mehr schlagwort-
artige Formel zu benutzen, Energie durch Information substituieren.

Das heißt nicht nur, gedankenlosen Umgang mit Energie durch intelli-
genten ersetzen, wie es z. B. schon in einer hinreichend wärmedämmenden
Bauweise der Fall ist, sondern gewissermaßen die Intelligenz strukturell
den Apparaten und dem System ihres Gebrauchs einbauen. Gutgeregelte
und darum energiesparende Maschinen sind ein Beispiel für den Techniker,
Ersatz von Reisen durch Geräte der Telekommunikation ein Beispiel für
den Manager. Daß außerdem der Verzicht auf gewisse Güter eine kulturell
segensreiche Wirkung ausüben könnte, ist ein ganz anderer Gesichtspunkt,
der hier noch nicht zur Diskussion steht.

Wie weit die Substituierbarkeit von Energie durch Information gehen kann,
ist für Ingenieurwissenschaftler, welche die heutige Technik vor Augen
haben, wahrscheinlich nicht leicht zu entscheiden. Auch die Technik, die
wir jetzt besitzen, ist nicht nur durch phantasievolle Entwürfe, sondern
durch konkrete Ausarbeitung unter dem Anreiz- und Strafsystem des
Marktes entstanden. Eine langfristige Veränderung der Marktlage durch
eine irreversible erhebliche Verteuerung der Energie würde einen Anreiz
zur Entwicklung energiesubstituierender Techniken bedeuten, der vielleicht
wirtschaftlich belangreicher werden wird, als der durch denselben Vorgang
gegebene Anreiz zur Entwicklung alternativer Energiequellen.

Man kann jedoch solche Entwicklungen nicht dem Marktmechanismus allein
überlassen. Dieser Meinung war offensichtlich schon die amerikanische
Regierung, als sie lange Zeit bewußt die Ölpreise niedrig hielt, also eine
Politik der billigen Energie im Interesse der ganzen Wirtschaft zu treiben
überzeugt war. Derselben Meinung sind ebenfalls seit langem alle Regierungen derjenigen Industriestaaten, welche die Entwicklung der Kernenergie
staatlich vorangetrieben haben. Rückblickend könnte man beide Entscheidungen skeptisch betrachten und fragen, ob der Markt allein, der die
Energie teurer und knapper gehalten hätte, nicht heilsamer gewirkt hätte.
Im Unterschied zur Ressourcenpolitik verlangt aber nun die Umweltpolitik
ganz fraglos eine führende Rolle des Staats, da nur er die im Konkurrenz-
system sonst unvermeidliche Abwälzung der externen Kosten auf die Ge-
samtheit der Verbraucher korrigieren kann, etwa durch Gesetzgebung im
Sinne des Verursacherprinzips. Das Energieproblem der Zukunft hat sich

uns nun als ein Umweltproblem par excellence ergeben. Die klimatischen Spätwirkungen des heutigen Energiekonsums, die radioaktiven Risiken eines einmal etablierten Reaktorensystems treten selbstverständlich nicht in privatwirtschaftlichen Preisberechnungen für die angebotene Energie auf. Nur der Staat kann ihre rechtzeitige Berücksichtigung erzwingen. Der Staat sollte diese Nötigung, der er sich schlechterdings nicht entziehen kann, gleichzeitig dazu nutzen, marktwirksame Anreize zur Ausbildung einer energiesubstituierenden Technik zu setzen. Dies impliziert insbesonders die Erkenntnis, daß es künftig nicht die Aufgabe des Staates ist, für einen niedrigen Energiepreis zu sorgen. Nur auf der Basis dieser Grundsatzentscheidung können Prioritäten von Forschungsprogrammen zur Energieeinsparung einerseits, Energieproduktion andererseits, ebenso wie Prioritäten der kürzerfristigen Wirtschaftspolitik im Rahmen der heute verfügbaren Technik beurteilt werden.

Die Tragik der heutigen Situation liegt darin, daß die Staaten und die von ihnen natürlicherweise geschützten Nationalwirtschaften international als Konkurrenz auftreten, ohne daß eine weltweite Instanz zur Regulierung der externen Kosten über ihnen stünde. Genau wie eine einzelne Firma im Wettbewerb Umweltrücksichten solange nur begrenzt nehmen kann als nicht ein staatliches Gesetz ihre Konkurrenten zur selben Rücksicht zwingt, ebenso sind die Nationalwirtschaften ohne internationale Regelung nahezu genötigt, im jeweiligen nationalen Interesse die externen Kosten ihrer heutigen Produktionsformen auf die zukünftige Menschheit abzuwälzen. Vielleicht liegt der Anfang der Weichenstellung zwischen Heil und Unheil in der subtilen Gesinnungsunterscheidung, ob die Regierungen und ihre Wähler diese Nötigung zur Vertretung nationaler Konkurrenzinteressen als ihr gutes Recht oder als eine tragische Verstrickung empfinden, denn davon kann es abhängen, ob die Probleme schließlich durch Schaffung eines stabilen Systems internationaler Regeln oder durch Katastrophen gelöst werden.

Wer eine nationale Regierung berät, muß sich der Grenzen ihres Handlungsspielraums bewußt bleiben. Er wird Entscheidungen vorschlagen, die im nationalen (oder, für uns, etwa im europäischen Rahmen) durchführbar sind, aber er wird auch die Pflicht haben, auf internationale Absprachen zu drängen.

5. Empfehlungen

1. Energiesparende Techniken sollten die erste Förderungspriorität erhalten.

Dies sollte nicht nur durch direkte Förderung geschehen, sondern auch durch eine Energiepolitik, die Marktanreize für Energiesubstitution

setzt. Es ist künftig nicht Aufgabe des Staats, für einen niedrigen
Energiepreis zu sorgen. In der Entwicklung energiesubstituierender Techniken dürfte gerade für ein Land wie unseres auch eine Konkurrenzchance auf dem Weltmarkt liegen. Als ein Beitrag zu dieser Prioritätssetzung sollten Studien über die heute schon verfügbaren oder rasch
erschließbaren Möglichkeiten der Energiesubstitution vordringlich gefördert werden.

2. *Es gibt keine materiell zwingenden Gründe, von der gegenwärtigen,
bis 1985 befristeten Reaktorplanung abzuraten. Jedoch ist eine Reihe
von Untersuchungen vor endgültigen Entscheidungen zu fordern:*

   a) *Eine Überprüfung des Rasmussenberichts über Reaktorsicherheit
   unter Berücksichtigung der Situation in unserem Lande. Die Tragweite der Argumente von Bethe — Panofsy — Weisskopf ist für
   unsere Situation zu überprüfen. Auch sollten die einzelnen Abschätzungen des Berichts kritisch nachvollzogen werden.*

   b) *Eine Prüfung der örtlichen klimatischen Tragbarkeit sollte jeder
   Einzelentscheidung über die Schaffung neuer industrieller Zentren
   vorangehen.*

   c) *Die Verträglichkeit der Errichtung zahlreicher Reaktoren mit unserer
   militärischen Strategie ist zu überprüfen.*

   d) *Soferne, entgegen dem bestehenden Regierungsprogramm, das von
   manchen Seiten vorgeschlagene Moratorium für Kernenergie ernstlich erwogen würde, müßte der Entscheidung selbstverständlich eine
   Untersuchung seiner mutmaßlichen wirtschaftlichen Konsequenzen
   vorausgehen.*

3. *Für den Fall, daß die Kernspaltung über 1985 hinaus zu einer für einige
Jahrzehnte führenden Energiequelle entwickelt werden sollte, müßte
dem eine grundsätzlich neue, mindestens im Rahmen der EG abzusichernde räumliche und strukturelle Planung vorangehen. Es handelt
sich insbesondere um den Fragenkreis der Konzentration mindestens
aller über den Leichtwasserreaktor hinausgehenden Techniken in nuklearen Parks.*

4. *Studien über Kernfusion und besonders Sonnenenergie als langfristige
Alternativoptionen für Großenergiegewinnung sind heute so intensiv
als möglich zu fördern.*

Bemerkung

Ich habe soeben die Durchführung bestimmter Untersuchungen empfohlen.
Es ist mir bekannt, daß Untersuchungen über mehrere dieser Fragen heute

schon im Gange sind. Soweit möchte ich diese Untersuchungen nur ermutigen und unterstützen. Es sei nur hinzugefügt, daß es in öffentlich kontroversen Problemen zweckmäßig ist, dieselbe Frage von wenigstens zwei Arbeitsgruppen untersuchen zu lassen, deren bisherige Arbeiten die Vermutung nahelegen, ihre natürlichen Tendenzen oder auch ihre möglichen Abhängigkeiten wiesen sie bezüglich der erwarteten Resultate der Studie in entgegengesetzte Richtung. Soweit solche Studien im Resultat übereinstimmen, ist die Vermutung, sie hätten recht, etwas besser begründet als ohne diese gegenseitige Kontrolle. Soweit sie nicht übereinstimmen, liegen dann die Argumente für und wider klarer auf dem Tisch. Die Verzögerung, die ein solches Verfahren mit sich bringt, ist zwar manchmal technisch von Nachteil, macht sich aber politisch gleichwohl bezahlt.

6. Persönliche Schlußbemerkung

Das Ergebnis der Studie, die ich angestellt habe, ist, daß die Gefahren der Kernenergie nicht geleugnet werden können, aber vor allem im Rahmen der Gefahren zu sehen sind, die einerseits mit jedem erheblichen weiteren Wachstum der Energieproduktion verbunden sind, andererseits aus der gegen Krieg und in begrenztem Maße gegen Terrorgruppen ungesicherten Situation unserer Welt hervorgehen. Es ist zu vermuten, daß in der Konzentration der öffentlichen Ängste auf Kernreaktoren auch ein gleichsam symbolisches psychisches Moment liegt, da die Atombombe, die sich derselben Energie bedient, zum Merkzeichen des bisher ungelösten Problems eines künftigen Weltkrieges geworden ist. Die Studie zeigt, daß man die materiellen Besorgnisse der Kernenergiegegner zu einem erheblichen Teil ausräumen kann, aber dort am wenigsten, wo sie mit Kriegsbesorgnis zusammenhängen, für die sie vermutlich in der Rationalität des Irrationalen symbolisch stehen. Es ist üblich geworden, bei jeder sachlichen Untersuchung kontroverser Fragen alsbald mißtrauisch zu fragen, welchem Interesse sie diene. Wer sich selbst kritisch betrachtet, wird in der Tat feststellen, daß er sehr häufig bei seinen Fragestellungen und den durch diese provozierten Antworten von Interessen geleitet war, mit denen er bewußt oder unbewußt identifiziert war. Deshalb ist es vermutlich ein sachliches Verfahren, solche Bindungen, soweit man sie sich selbst hat klarmachen können, einzugestehen.

Ich habe, ausgehend von meiner Ausbildung als Kernphysiker, in den vergangenen drei Jahrzehnten die friedliche Nutzung der Kernenergie für eine der wichtigsten und zukunftsreichsten Entwicklungen gehalten. Die Sorgen über ihre Umweltverträglichkeit sind mir, vermittelt durch die Sorgen meiner am Reaktorproblem arbeitenden Kollegen, in den letzten Jahren in den Vordergrund getreten. Sie trafen sich mit einer alten Beunruhigung über die Rolle von Kernreaktoren im Falle eines nuklearen Bewegungskrieges. Ich habe deshalb gerne einen konkreten Anlaß wahrgenommen, dieser Frage jetzt noch einmal im Detail nachzugehen. Meine Sorgen über das spezielle Problem der Kernspaltungsreaktoren haben sich durch die konkrete Beschäftigung mit ihm vermindert, ohne ganz ausgelöscht zu sein; meine Sorgen über die ungelösten politischen Probleme können auf diesem Wege nicht vermindert, sondern nur mit Beispielmaterial angereichert werden. Ich gestehe, daß ich heute subjektiv nicht unglücklich wäre, wenn das gesamte weitere Wachstum der Energieproduktion in den hochindustrialisierten Ländern unterbliebe. Ich vermute, daß unser Wirtschaftssystem die Kraft hätte, die damit notwendig verbundene Verteuerung der Energie durch technische Entwicklungen zu meistern. Ein Wachstum der Wirtschaft ohne Wachstum der Energieproduktion wäre, nach einer Übergangszeit, durch die Entwicklung energiesubstituierender Techniken vielleicht für längere Zeit möglich. Ich verstehe sehr wohl die Sorge vor tiefen sozialen Krisen, welche durch diesen Prozeß ausgelöst werden können und vermute, daß diese Sorge die Regierungen der Industriestaaten hindern wird, eine derartige Entwicklung zu fördern. Ich kann freilich nicht leugnen, daß nach meinem persönlichen Eindruck diese Sorge, so wie sie sich heute ausspricht, noch nicht den Kern des Problems trifft. Die Sorge kreist ja im Augenblick wesentlich um die kurz- und mittelfristige Sicherung der Arbeitsplätze. Der technische Fortschritt vermindert, wenn ich mich nicht täusche, langfristig zwangsläufig die Nachfrage nach industrieller Arbeitskraft in der bisher üblichen Form. Man kann sich im Arbeitsmarkt aktiv auf diese Entwicklung einstellen, durch bewußten Übergang von energieverarbeitender zu informationsverarbeitender Beschäftigung, von Güterproduktion auf Dienstleistungen und vernünftige Verteilung der dem technischen Fortschritt verdankten Freizeit, durch Unterstützung der Verlagerung des Wirtschaftswachstums in die Dritte Welt, wo es nötig ist. Diese Schritte, die in der Logik der Entwicklung liegen, werden wirtschaftliche und soziale Krisen vor allem dann erzeugen, wenn wir uns gegen sie sperren. Über diese sehr komplizierten Fragen will ich in anderem Zusammenhang ausführlich sprechen.

Ausdrücklich möchte ich bemerken, daß ich zwar einen großen Krieg in den kommenden Jahrzehnten für sehr wohl möglich halte und es deshalb für eine realistische Politik halte, die möglichen Gefahren für Reaktoren in einem solchen Krieg in die Überlegung einzubeziehen; daß ich aber die Auslösung eines solchen Krieges nicht aus den sozialen Problemen erwarten würde, welche in der Übergangsphase zu einer sparsamen Energiepolitik auftreten könnten. Die Kriegswahrscheinlichkeit folgt mit Einschränkungen aus dem sehr altmodischen Argument, daß es Weltprobleme gibt, die eine weltweite organisatorische Lösung verlangen (die Umweltprobleme der

Energie sind ein Beispiel dafür), daß aber eine stabile Weltordnung nicht leicht ohne Machtprobe zwischen den Hegemoniekandidaten eintreten wird. Daß gleichwohl alle Kraft darauf gewandt werden muß, einen solchen Krieg, dessen Folgen wir uns nur schwer ausmalen können, zu verhindern, ist gewiß. Diese Überlegung aber führt in andere Bereiche als die Energiepolitik.

Ich kann heute die technische Möglichkeit nicht ausschließen, daß eine Politik sehr geringen Wachstums der Energieproduktion ohne Verzicht auf wesentliche Güter und ohne langfristige Gefährdung der sozialen Stabilität von der heutigen Erdölphase zu einer vielleicht auf Fusion oder Sonnenenergie gestützten ohne eine Phase der Dominanz der Kernspaltung überleiten könnte. Doch muß ich annehmen, daß dies eine politisch folgenlose persönliche Meinung bleiben wird. Ich habe als Berater einer Regierung und einer Öffentlichkeit, die zu einem anderen Kurs entschlossen sind, keine zwingenden Gründe, ihnen gerade in diesem Punkte von diesem Kurs abzuraten. Es scheint mir eine legitime Aufgabe, einen Plan für ein behutsames Fahren auf dem Kurs der Kernenergie zu entwerfen. Die Wahl zwischen Heil und Unheil fällt nicht in der konkreten Entscheidung über diese Sachfrage, die nach meiner heutigen Kenntnis, wie immer sie getroffen wird, große Schwierigkeiten, aber keine direkte Existenzbedrohung der ganzen Kultur mit sich bringt; sie fällt in der Gesinnung, die diese und andere Entscheidungen steuert.

Juni 1975

ENGELBERT BRODA

1910 geboren in Wien; 1928—1934 Studium der Chemie, Universitäten Wien und Berlin; Promotion in Physikalischer Chemie bei H. Mark in Wien; 1934—1938 mit durch Verfolgung bedingten Unterbrechungen Privatassistent Marks; 1938—1941 biophysikalische Forschung am University College, London; 1941—1946 radiochemische Forschung für die britische Atomenergieorganisation im Cavendish Laboratory, Cambridge; 1946 bis 1947 Universität Edinburgh; 1948 Universitätsdozent in Wien; Gründung der Radiochemischen Abteilung; derzeit Ordinarius für Angewandte Chemie und Radiochemie und Vorstand des Instituts für physikalische Chemie, Universität Wien. Zwischendurch auch Sekretär des österreichischen Nationalkomitees der Weltkraftkonferenz und Tätigkeit für die Internationale Atomenergieorganisation in Asien und Afrika. Mitglied der staatlichen Kommission für Strahlenschutz. Gegenwärtiges wissenschaftliches Hauptinteresse Bioenergetik. Verfasser zahlreicher Bücher.

WOLF HÄFELE

Professor Wolf Häfele, Bundesrepublik Deutschland, wurde 1973 zum Leiter des Forschungsprojektes Energie-Systeme des Internationalen Instituts für Angewandte Systemanalyse bestellt. In seiner Eigenschaft als Projektleiter ist er mit der Erstellung und Gestaltung des Forschungsprogrammes mit Hilfe hervorragender Fachleute, der Leitung der Forschungsarbeit auf dem Gebiet der Energie-Systeme sowie der Koordinierung der Tätigkeiten von IIASA mit sachverwandten Forschungsvorhaben nationaler und internationaler Organisationen betraut. Seit 1974 ist er Vizedirektor des Instituts.

Professor Häfele ist gegenwärtig vom Kernforschungszentrum Karlsruhe, Deutschland, beurlaubt, wo er die Stellung des Direktors des Instituts für Angewandte Systemtechnik und Reaktorphysik innehat. Er ist Honorarprofessor der Universität Karlsruhe.

Im Jahre 1955 promovierte er im Fach theoretische Physik, nachdem er gemeinsam mit Professor von Weizsäcker an Problemen der Astrophysik gearbeitet hatte. Danach trat er in die Reaktorgruppe des Max-Planck-Instituts ein und war ab 1956 für die physikalische Auslegung des ersten in Deutschland gebauten Reaktors, dem FR 2 in Karlsruhe verantwortlich. 1960 initiierte er das deutsche Projekt Schneller Brüter, dessen Leiter er dreizehn Jahre hindurch war. In diese Zeit fiel der engültige Entschluß zum Bau des heute in Bau befindlichen Prototypreaktors SNR 300. 1967 bis 1972 stand er außerdem dem Karlsruher Projekt der Spaltstoffflußkontrolle vor, das einen wesentlichen Beitrag zum heutigen Kontrollsystem der IAEA im Sinne des Atomwaffensperrvertrages leistete. In jüngster Zeit gilt sein Forschungsinteresse allgemeinen Energieproblemen. Prof. Häfele ist Mitglied der American Nuclear Society und wurde 1967 zum „Fellow" ernannt. Seit 1975 ist er ein Mitglied der Königl. Schwedischen Akademie für Ingenieurwissenschaften.

BERNHARD LÖTSCH

Bernhard Lötsch studierte an der Universität Wien Biologie und Chemie und promovierte 1970 zum Dr. phil. mit einer stoffwechselphysiologischen Dissertation bei Univ.-Prof. Dr. H. Kinzel.

Von 1966 bis 1972 arbeitete er als Assistent am Pflanzenphysiologischen Institut der Universität Wien an experimentellen Arbeiten zum pflanzlichen Stoffwechsel, beschäftigte sich aber darüber hinaus mit wissenschaftlicher Kinematographie und mit umwelthygienischen Problemen, vor allem Schwermetalltoxizität.

Seit 1973 ist Dr. Bernhard Lötsch Angestellter der Akademie der Wissenschaften und Leiter des Ludwig-Boltzmann-Institutes für Umweltwissenschaften und Naturschutz in Wien und beschäftigt sich in dieser Eigenschaft in sorgfältig verteidigter geistiger und wirtschaftlicher Unabhängigkeit vorwiegend mit wissenschaftlicher Bildungs-, Forschungs- und Gutachtertätigkeit.

Auf Grund seiner Habilitation an der Universität Salzburg (1973) ist er als Dozent an der Universität Salzburg mit der Biologielehrer-Ausbildung befaßt; Gastvorlesungen an der Hochschule für Bildende Kunst und fallweise an der medizinischen Fakultät der Universität Wien runden die Lehrtätigkeit auf dem Gebiet der Biologie und Ökologie ab. Er ist Mitglied mehrerer wissenschaftlicher Umweltbeiräte, gehört der internationalen „Gruppe Ökologie", Ingolstadt, an und ist mit Alternativvorschlägen auf dem Gebiet der Großstadtökologie und einer ökologisch vertretbaren „Langzeitökonomie" hervorgetreten.

PETER WEINZIERL

Geboren 1923 in Wien.

1954   Beginn des Physikstudiums an der Universität Wien

1949   Promotion zum Dr. phil.

1950   Assistent am 1. Physik. Institut d. Universität Wien

1952—53   Studienaufenthalt am National Bureau of Standards, Washington D. C. (Electron Physics Section and Radioactivity Section)

1958   Habilitation für das Fach „Kernphysik" an der Universität Wien

1960—68   Leiter des Instituts für Physik am Reaktorzentrum Seibersdorf der Österreichischen Studiengesellschaft für Atomenergie Ges. m. b. H.

1965   Ordinarius für Experimental-Physik an der Technischen Hochschule Wien

1967   Ordinarius für Physik und Vorstand des 1. Physikalischen Instituts an der Universität Wien

VICTOR FREDERICK WEISSKOPF

Geboren 1908 in Wien.

1931 Promotion zum Dr. phil. an der Universität Göttingen
1932 Associate bei Schrödinger, Universität Berlin
1935 und 1938 Research Associate bei Bohr, Universität Kopenhagen
1934 bis 1936 Research Associate bei Pauli, technologisches Institut
 Zürich
1937 bis 1942 Universität von Rochester
1943 Los Alamos, Neu Mexiko (Manhattan Projekt)
1945 Professor für Physik am MIT (Massachusetts Institute of Technology)
1961 Generaldirektor des CERN (Europäisches Kernforschungszentrum in
 Genf)
1967 bis 1973 Leiter des Department of Physics, MIT

A naturalized United States citizen since 1943, Dr. Weisskopf was born
in Vienna, Austria, in 1908. He received a Ph. D. from the University
of Göttingen, Germany, in 1931. After this he worked as an associate to
Schrodinger at the University of Berlin (1932), as a research associate
to Bohr at the University of Copenhagen (1935 and 1938) and as a research
associate to Pauli at the Institute of Technology in Zurich (1934—36).
Dr. Weisskopf came to the United States in 1937 to join the faculty of
the University of Rochester, where he served as an instructor and an
assistant professor for six years. In 1943, he joined the Manhattan Project at Los Alamos, New Mexico, where he worked as a group leader
and associate head of the theory division on the exploitation of nuclear
energy. In 1945 he was appointed professor of physics at the Massachusetts Institute of Technology, and later in charge of the theory group
in M. I. T.'s Laboratory of Nuclear Science. At that time, he and his
group made some important contributions to the theory of nuclear reac-
tions and to quantum electrodynamics.
In 1961, Dr. Weisskopf became Director-General of European Center of
Nuclear Research (CERN), in Geneva Switzerland. In 1966 he left Geneva,
and returned to M.I.T. as Institute Professor an extraordinary rank given
by M.I.T., to recognice distinction, priarily of a scholary nature. in 1967 he
was appointed head of the Department of Physics, a position he held
until 1973.
Dr. Weisskopf ist married to the former Ellen Tvede. They have two
children and reside at 36 Arlington St., Cambridge, Massachusetts.

WEIZSÄCKER, Carl Friedrich Freiherr v.

geboren am 28. Juni 1912 in Kiel

1918—29 Schulen in Wilhelmshaven, Stuttgart, den Haag, Basel, Kopenhagen, Berlin

1929—33 Studium der Physik an den Universitäten Berlin, Göttingen, Leipzig

1933 Dr. phil. in Leipzig bei Prof. Werner Heisenberg

1936 Habilitation Universität Leipzig

1936—42 Assistent am Kaiser-Wilhelm-Institut in Berlin

1937—42 Dozent für theoretische Physik Universität Berlin

1942—44 planmäßiger außerordentlicher Professor für theoretische Physik an der Universität Strassburg

1946—57 Abteilungsleiter am Max-Planck-Institut für Physik in Göttingen und Honorarprofessor an der Universität Göttingen

1957—69 ordentlicher Professor für Philosophie an der Universität Hamburg

1970 Direktor des Max-Planck-Instituts zur Erforschung der Lebensbedingungen der wissenschaftlich-technischen Welt in Starnberg

1971 Honorarprofessor für Philosophie an der Universität München

Veröffentlichungen (auszugsweise)

Die Atomkerne 1937

Zum Weltbild der Physik 1943

Die Geschichte der Natur 1948

Atomenergie und Atomzeitalter 1957

Die Verantwortung der Wissenschaft im Atomzeitalter 1957

Bedingungen des Friedens 1963

Die Tragweite der Wissenschaft, 1. Band Schöpfung und Weltentstehung 1964

Gedanken über unsere Zukunft, Drei Reden 1966

Der ungesicherte Friede 1969

Indiengespräche (mit M. Kulessa und J. Heinrichs) 1970

Die Einheit der Natur 1971

Fragen zur Weltpolitik 1975